猜猜"猪头"

康良◎著

九州出版社
JIUZHOUPRESS

图书在版编目(CIP)数据

捕猎"猎头" / 康良著. — 北京 : 九州出版社,2011.8

ISBN 978-7-5108-1076-3

Ⅰ. ①捕… Ⅱ. ①康… Ⅲ. ①成功心理-通俗读物

Ⅳ. ①B848.4-49

中国版本图书馆 CIP 数据核字(2011)第 143692 号

捕猎"猎头"

作　者	康良　著
出版发行	九州出版社
出 版 人	徐尚定
地　址	北京市西城区阜外大街甲 35 号(100037)
发行电话	(010)68992190/2/3/5/6
网　址	www.jiuzhoupress.com
电子信箱	jiuzhou@jiuzhoupress.com
印　刷	三河市祥达印装厂
开　本	710 毫米×1000 毫米　16 开
印　张	15
字　数	200 千字
版　次	2011 年 8 月第 1 版
印　次	2011 年 8 月第 1 次印刷
书　号	ISBN 978-7-5108-1076-3
定　价	26.80 元

序

好的机遇往往都会像流星那样一闪即逝。上天总是眷顾那些有准备的人们，让这流星般的机遇降临到他们头上。你是不是那个有准备的人呢？

职场如战场，一些小小的不当往往会造成整个“战局”的失利，重要的岗位需要合适的人来掌舵。所以，那些职场大佬们拼了命地寻找合适的人来掌控这些岗位。但精力有有限的他们往往委托猎头来为他们寻找这些能够出色完成工作的人才。所以，在大众眼中，猎头成为了好的机遇的代言人。当一个人被猎头的看重时，意味着，好的机遇已经在他的周围徘徊了。抓住这个机会，就有机会让他的人生走向一个高潮。所以，有些人疯狂地等待着，等着猎头的眼神，等着机遇的降临。

康良，这个多年的职业猎头，用他的多年经验告诉大家，这些机遇不是光等就可以等的来的。《捕猎"猎头"》反其道而行之，与其被动地等待被"捕"，不如积极主动地去反捕。捕猎“猎头”，让他们为我所用，让好的机遇主动降临，让我们的人生再次走向高潮。

看完此书，你就是那个有准备的人！

目　录

第一章　揭开猎头的神秘面纱

第二章　什么样的猎物才能入猎头的法眼

第三章　猎与被猎，谁能笑到最后

第四章　猎头眼中的优秀猎物

第五章　不升职就跳槽

第六章　如何与猎头打交道

第七章　与猎头交朋友，成就职场

第一章 揭开猎头的神秘面纱

1. 猎头出没请注意

在很多年前，当你听到猎头这个词，第一反应可能是“狩猎”这个词语，以为是猎人职业的另一个称谓。然而，在经济已经高速发展的今天，听到猎头时，便会想到高学历、高职位、高薪水这些词。当你接到一通电话，如果是猎头打来的，这也就意味着，你与高学历、高职位、高薪水已经靠近了一步。

猎头，顾名思义，为物色人才。最初是指美洲的一些食人部落，他们在作战的时候，通常会把对方的头颅砍下来，挂在腰间作为战利品进行炫耀。第二次世界大战以后，欧美一些战胜国，从德国等国家寻找自己需要的科学家，他们像丛林狩猎一样，四处派专业公司帮他们搜罗优秀的科学家为己所用，后来这个词就借用成为猎寻人才。在国外，这是一种十分流行的人才招聘方式，中国香港和台湾方面把它翻译为“猎头”，所以引进大陆后我们也称之为猎头，意思即指“网罗高级人才”。

“头”是他们对有智慧、才能的人的尊敬；“猎头”特指猎夺人才，即发现、追踪、评价、甄选和提供高级人才。人们都说百兽之王是狮子，猛兽是老虎，然而，无论是狮子还是老虎，遇到猎人时，都只是猎人眼中的猎物。当然，猎头从不做无缘无故的出击，

猎头

他们是职场中最凶猛的野兽。他们在职场森林中对人才的追逐，仿若捕食般，平时静静观察，跟踪查探，等待机会。他们要么不出动，要么便是一击必中。

保罗是一个聪明的猎头，他为了达到挖角的目的，便把自己假扮成了速食小贩潜伏进了工业园区。因为这次他受到客户委托，要从竞争对手那里挖走一位技术高手。保罗的客户并不知道高手的姓名，只是对他做出的产品非常欣赏。他们都对这个技术高手一无所知。于是，一个猎头便变身为头戴发网、身穿围裙的小贩，每天为人们提供餐饭。刚开始好几天，他没有打听到任何消息，人们总是那么忙碌，要跟他们搭上话真有点困难，保罗一无所获，他花500美元租来的流动餐车只能再用一天。幸运的是，他终于从一位顾客口中套到想了解的资讯：某技术大腕的身份。几天来，保罗跟每个前来买咖啡、香烟或三明治的客人打听那家大型上市公司的畅销软件背后的天才究竟是何人。终于一位不设防的客人透露出讯息，保罗得到了这个人的名字。他说："这真是一项艰苦的侦探工作，不过很有趣。"

面对多彩的世界，这个能让你尽情施展的舞台，你是否规划了职业的梦想，还是正在朝着梦想努力，但面对激烈的市场竞争、人才竞争时是否有些力不从心？你是否把激情和精力完全投入到工作中去，却发现总是无法获得自己想要的效果。当你平步青云上升到高处时，遭遇瓶颈，当你职业前景因某些因素受阻时，有没有想过应该怎样解决呢？有没有想过借助于外力呢？所谓人往高处走，水往低处流，没有人愿意在一个自己没有发展的地方停留下去。但是，你通常又会考虑环境、薪水、下一家雇主的情况等综合因素，因此而徘徊不决。现在的猎头不再像过去那样"专门挖墙脚。"它们更要提供详细的咨询，细致的服务，如：对人才的职业生涯设计、最新的人才市场供求和薪酬行情、动态及时的职业测评、咨询和指导等等，以帮助自己所捕猎的对象获得客户的青睐。猎头一般凭借关系网和公司的“线人”来接近要捕猎的对象。他们的对象月薪往往难以估量，但是，要靠近这些对象本身的难度却很大。为此猎头们经常使用一些“不寻常”的手段去接近目标，他们的猎取手法虽然有些出人意料，但通常效果很好，不仅获利丰厚，还能笼络一大批忠实的客户。

查尔斯是一位专门替大公司物色高级职员的猎头专家，他的猎头公司在加州硅谷，因为那里有大量的高科技公司，这也意味着大量猎物的存在。他的公司引荐过大量精英给许多大公司，如施乐公司、IBM 公司、通用电气公司等。作为专业猎头，他会对自己的猎物提供一下建议，让他们面试时能够更游刃有余。达西是查尔斯的朋友，他有些忧愁地找到查尔斯，让查尔斯帮他想想主意。查尔斯说：“你是一位高级管理者，怎么还让我帮你想主意呢?”达西说，他想去美国电报电话公司就职，已经通过了前期的审核，即将要参加面试，自己对此毫无把握。对此，查尔斯提出了自己的意见，他从两个角度进行了指点，一是公司所欠缺的人才是怎样的，二是达西能为公司做的是什么，把握了这两点，就容易赢得机会。

面试进行时，主持面试的副总裁告诉达西，面试不会超过20分钟。达西走到副总裁旁边的记事板前，扼要地写下该公司正面临的考验，以及他相信可为公司增加利润的措施。15分钟后，达西写下他估计的最终利润，同时抬起头来朝副总裁看了一眼。

副总裁嘴巴张得老大，对他的表现既吃惊，又满意。他告诉达西，面试可以继续下去。随后副总裁去把他自己部门的人都叫了进来，大家开会开了两个小时。

达西根据查尔斯的指点，把面试转为工作会议，不但让对方看得出他了解并能胜任他所应征的职位，也让对方明白他能为公司带来什么益处。轻易地让达西赢得了工作机会，展现了自己的优势。

有的人具有非凡的才华，但却一直在企业里担任着普通中层的工作，有心无力，无法更上一层楼；有的人凭靠经验与人脉，被聪明的猎人捕捉，进入心仪的企业一飞冲天。有时人们并不是缺乏才能，他们更多的是缺少机会。猎头，正是寻捕那些有才能，等待着起飞的人，助他们更上一层楼。他们的电话打过来时，也说明作为能力出众的你，已经进入了猎头的视野，成为了他们人才库中的一员。狩猎者轻易不会出动的，他们通常要等到被狩猎者成长，并具有足够的价值时才会出动。被狩猎者具有与猎头共舞的能力，也会获得更好的发展空间，当然机遇与挑战永远是并存的，并不是说跳到一家公司后，就可以享受高薪，高枕无忧了。每一家公司请猎头来找人，要求都是相当之高的，同时，也意味着他们可以再找其他的人来代替你的位置，对于用人单位来讲，在试用期内，如果对于聘用的人不满意，他们可以不付猎头费，猎头必须再去找新的替代者回来，在试用期内亦不必给被聘用者任何赔偿，这就是职业的风险。总而言之，猎头与人才是互依互靠的，人才需要猎头的捕捉和推荐，猎头需要以捕捉人才来获取最大的利益。

小张是个会计，因为工作不愉快，毅然炒了老板鱿鱼。辞职在家的她，并没有直接上网找工作，而是将自己的简历给了猎头朋友。

她已经有了几年的工作经验，社交圈也比较广泛，但是和猎头人才库里的那些杰出人士一比，小张并不算优秀。小张也并没想过自己能作为优秀人才被猎头推荐到别的公司，她只是希望朋友能帮着自己修改一下简历。毕竟朋友是猎头，资源丰富，招人经验也丰富，可以适当地提议。

没想到，半个月后，她接到朋友的电话，一家外地企业刚开始在杭州落脚，需要一名财务总管，朋友说："你特别适合这个工作，因为这个公司不仅能管理财务，还能提供丰富的人脉来协助公司的正常运作。"朋友极力地推荐了小张，告诉她一些面试的方式后，小张欣然前往新公司应聘。结果是她成功了，而且薪水高出以前一倍。

小张总结自己成功的经验，她认为自己最明智的便是把简历给了猎头。而有猎头帮着找工作比去人才市场大海捞针成功率高，因为猎头对你的评估更精确，你的优势会被重视。

与一般的企业招聘、人才推荐和职业介绍服务有着很大的不同，猎头敏锐的目光始终牢牢地盯在高端人才的身上，他们的眼光比鹰还要锐利，搜寻的是那些受教育程度高、实践经验丰富、业绩表现出色的专业人才和管理人才。简而言之，猎头可以理解为人才中介，如果用通俗一点的话说，就是"挖墙脚"。猎头公司和简单的中介公司有很大不同，猎头公司猎头通常是受到企业委托寻觅人才，需要提供人才评价、调查、协助沟通的顾问咨询服务，然后猎头顾问便通过专业的寻访途径获取人才信息，运用专业的人才测评技术和人才评价技术进行筛选，将合适的人才推荐给客户，跟踪服务到客户满意。

中介公司往往非常简单的撮合，相当于一个介绍的功能；猎头主要是主动寻找人才，中介更多的是在现有资源中整合；猎头服务收费很高，而中介服务收费往往比较低。另外，中介公司更多的为找工作的人服务，猎头公司更多的是为能力强、职业道德好的人才服务。

猎头公司不对个人进行收费，中介公司谁需要对谁收费，个人要找工作就对个人收费，企业找人就向企业收费。做的层次比较低，猎头公司是向企业收费，如果向个人收费的话，那肯定不是猎头，而是中介。

在猎头公司，从事实际的猎捕工作的是猎头顾问。猎头顾问是专为客户提供中、高级职位及特殊职位人才招聘及相关咨询服务的专业服务人员，是猎头公司必须具备的高级成员。简单地说猎头顾问就是猎头公司里的业务人员。

因为猎头顾问要达到具备为职业经理人提供服务能力，所以门槛很高。作为一个猎头顾问需要具备敏锐的眼光，丰富的销售、客户管理经验，良好的沟通能力和广阔的人际网络，大多猎头公司的主要经营者都是猎头顾问出身，也有一部分是企业HR出身，他们是直接从企业出来自己创建猎头公司。

当一个人作为职业的猎头顾问的时候，并非人们想的那样约个人出来喝喝茶、聊聊天就能把事情摆平。猎头工作是件十分机械的苦力活，有着十分繁杂的程序：各项综合能力都会得以发挥和培养，如沟通技巧、人际交往技巧、诚信、销售技巧、专注、驱动、解决问题能力、企业管理技巧、关注细节、组织能力。好的猎头顾问还要具有抗压性，因为在面对猎头运作时，就会遇到很多的变数，有来自用人单位（委托客户）的，也有来自人才，比如委托客户发生了内部战略调整，取消或者更改了委托职位，或者职位要求的变化、职位的变化、上岗时间的变化甚至待遇的变化等；还有就是候选人才的变数。其次应该阅历丰富，曾在多家企业从事过很高的职位。只有他自己见多识广，通晓职场规则才会对人才和客户才能提供有参考价值的意见，或具有良好的人事经理背景，能够提供职业发展指导及面试辅导，同时能够在企业与人才之间做好桥梁，起到更好的协调作用。猎头顾问受客户的委托寻找人才，不仅要接触客户高层，也需要接触很多的行业中高层人才，这就需要对客户所在行业有所涉猎，同时猎头顾问需要对人力资源、企业管理有比较成熟的看法。再次，猎头需要将心比心，急人所急，将客户的事当成自己的事。

如同演艺经纪人穿梭于演艺界，为演员争取每个上台露面的机会，为他们创造“红”起来的条件一样，顶级猎头顾问则是穿梭于职场和企业中，一方面帮助有志之士找到更好的发展平台，另一方面让更多的企业找到助推发展的黑马，目的是使职业经理人与企业谋求一种和谐，达到双赢。正是猎头的这些专业特点，意味着当你接到猎头的电话时，就应该清楚地知道，保持与他们的良好关系，对职场人士来说是非常重要的。

2. 利润—猎头追捕的动力

与传统公司不同，猎头公司的运作模式是多样化的，也决定其成本支出、利润的不同。猎头公司的主要运作模式有三种：雇员制、合伙人制、soho型。

雇员制与传统公司基本一致，也是需要在固定的办公场所，招聘一群精力充沛、擅长搜罗人才的猎手，搜集讯息，伺机而动，寻找猎物。此种模式赢利方式也比较传统，做成一单收一单的费用，属于平稳收益，一步一个脚步发展，很少有突然出现大幅收益的情况。

合伙人制是对员工的激励，即让每个人都有机会参与到公司的收益分配中。只要每个加入的员工，在符合一定条件后，都能成为公司的合伙人。通常是表现优秀，被升为初级合伙人，然后是到中级合伙人。再到高级、顶级合伙人，这些级别所对应的权限是一样的，极大地鼓励了每个猎手，每个人都视自己为老板，所不同的就是每年的利润分配不一样，越高等级的合伙人，所得越多。此种模式在国外运用的很多，很多世界前10强的猎头都是这样的制度。这种制度通常能创造高额的利润，因为充分地调动了每个人的积极性，人的潜能在利润的刺激下得到爆发，进而推动公司获得丰富的收益。

soho 制是互联网快速发展后形成的一种新的办公模式，员工可以在家办公，公司仅仅设有写字间、会议室，最大化的节省了成本开支，员工每周到公司开例会，别的时间便自由出击。这种情况下约束员工虽然变得困难，但是也可以通过薪水以及业务的提成激励员工。公司的管理因而变得轻松，既可以根据公司的实际情况扩大规模，也可以在经济危机来临时随时控制规模，大部分两三人的小猎头公司就是这种类型，他们尽可能的让利润最大化，属于稳中有进的赢利模式。

除了三种传统模式以外，另一种赢利模式已然盛行，那就是网络猎头。前程无忧就是互联网发展起来后，国内最迅猛的网络猎头。他的CEO甄荣辉用短短十年时间，将前程无忧发展成国内最大的网络猎头。据称，从零开始，目前求职登记已经飙升至120万人，其中有简历的已经超过50万份，在另一端，无忧网站已经链接6万家公司的人力经理。1999年，前程无忧的销售收入是100万美元，2000 年是720万美元，对2001年甄预期增到2500万美元，其赢利之迅猛令行内人士无不侧目。业内人士不得不高呼：前程倘若无忧，传统猎人焉能安枕？这是新时代造就的机会，凡是职场人士没有不利用网络寻找机会的，在传统猎头还在像媒婆般对客户和猎物进行沟通和说服时，网络猎头已经利于网络作为平台扮演着光速红娘，让双方在网络上电光火闪般相遇，立马携手。

在这个拼速度，抢时间的时代里，谁掌握了速度，谁便占有先机。跑得最快的猎人自然会猎取到最大最好的猎物，跑得慢的连猎物的影子都看不到。网络猎头的高速行动，怎能不造就高额的利润，因而有人感叹，在21世纪，网络猎头将会取代传统的猎头。不管是黑猫白猫能捉到老鼠的就是好猫，在激烈的竞争下，为了利润，猎头们必然会拼个头破血流。

北京的猎头界盛传：Google为挖走李开复，高薪请猎头公司出马，仅是支付猎头公司的业务费就高达1.3亿美元，创下这一行当又一纪录。消息一出震动业内，这个数字究竟是不是真的，人们无法得知，因为行内的规矩是要为客户保密，保密是猎头界的首要游戏规则，但是不管怎样，这个数字也说明了猎头逐鹿可获得的丰沛利润。

在猎头界有这样一句话：不要和猎头谈钱，你的身价，他的饭碗。猎头对人才的追捕也是对利润的追捕，他们如同嗜血的狼一般，一旦闻到气味，便会果敢追踪。当他们做成后，猎物的身价越高，也意味着他们的利润越高。在猎头公司这个行业中，收费与别的公司最大的不同是坚持收取预付款的规则，预付款的意义在于辨别客户真实招聘意图、提高配合程度、防止客户多处比较造成不必要的劳动力浪费、弥补猎头公司费用等方面。

按照国际惯例，每做成一单，便会从猎物的年收入中抽出四分之一到三分之一，作为服务佣金。按照这个比例来计算，做成一个年薪50万的职业经理人，猎头公司至少可以拿到16万的收益。由于猎头通常都是瞄准高管人员，因而也注定了他们所追逐的猎物将给他们带来高额利润。

更多的时候猎头往往不会按用人单位的预期用人薪资标准达成协议，往往都是在公司老板原来给“猎物”的薪水之上提一部分的成，这些也是某些老总意料之外的。之所以如此，原因是因为猎头工作是一项需要很多细则的工作，需要的是长期的磨合与沟通，很多做猎头业务都有一个价格的下限，低于这个价格，猎头公司就不能接单了。

永州的郊野生长一种奇特的蛇，黑色的皮质，白色的花纹；凡是蛇碰到的草木都会死掉；如果咬人，没有什么办法医治。然而捕捉到这种蛇，把它晒干用作药饵，可以用来治愈麻风、手脚拳曲、脖肿、恶疮，消除坏死的肌肉，杀死人体内的寄生虫。当初，太医用皇帝的命令征集这种蛇，每年征收两次，招募能够捕到这种蛇的人，让他捕蛇来抵他的赋税。永州的百姓争着干这差事。

这是韩愈的《捕蛇者说》，虽然他原意是想说明赋税之重，令人铤而走险，但是另一方面，也正是捕蛇带来的效益之大，才让人们纷纷不顾性命，追捕毒蛇。所谓无利不起早，要让经验丰富的猎头去追捕“猎物”，必定要付出一定的代价，才能让猎手出动。就像猎人在打猎时通常都是选择性地捕猎，一般麻雀、松鼠之类，他们都懒得瞧一眼。他们要猎的是鹿、野猪等大型动物，原因无他，大型动物带来利润更高，更有用。

可以说，猎手追的不是猎物，而是利润。通常跨国猎头公司都只做世界500强企业的业务。他们基本上都是大单的业务，只要做成就是一笔不小的收入。而跨国猎头公司的收费起点一般都很高，通常对每个寻访职位，美国的猎头公司猎取一个人才的价格下限为6 万美元。香港最低为6万港元；而中国目前已有几家著名猎头公司提出下限为6万元人民币。

对于国际上某些著名的大公司，其价格下限远远高于此数。如光辉国际猎头公司要求服务单位必须是年薪在25万美元以上；摩根—班克猎头公司服务的对象要求年薪最低在20万美元以上；斯宾塞/ 斯图亚特国际公司的服务年薪至少在10万美元以上。

事实上，像李开复那样的高级人才为猎头公司创下的高额利润猎头在国际上并不是新闻。跨国集团高价请猎头公司为自己在全球范围内打捞顶级人才的事情已是屡见不鲜。2005年2月，惠普以400万美元的佣金，聘请雷诺仕猎头公司为其寻找新的CEO；可口可乐也通过“猎头”，为自己寻找新的掌门人，等等。根据国际“高级人才顾问协会”统计，全球70%的高级人才流动是由猎头公司协助完成的，而全球高级人才中介市场早在2000年时的规模就达到了100亿美元。随着跨国公司纷纷落户中国，国内的猎头公司也逐渐发展起来，并且市场份额也在逐年增长。资源因为稀缺而变得可贵，无论哪个世纪哪个年代，人才都是最为重要的资源，他们轻则左右公司兴衰，重则影响国家制度，要想得到这样的顶级人才，自然要舍得成本。这自然便成了猎头公司的赢利方向了。全世界所有的咨询公司都遵循一个简单的原则即：投入什么样的顾问人员，投入多少精力和能够得到多少利润息息相关。越是知名的猎头公司，资深的顾问人员越有能力选择利润丰厚的项目。对利润太差的委托，他们要么不接，要么是简单地操作，他们只会挑选利润高的猎物出击。

在中国，随着市场经济的发展，猎头公司也如雨后春笋般发展壮大起来，但是整体状况是总数多、小而杂、不够规范和成熟。据了解，自1992年最早的猎头公司在沈阳成立以来，正规注册并运营的猎头公司超过了950家，而目前市场上存在的不下3000家。但是，猎头行业的年总收入仅仅是30亿元。

3. 你被捕了—猎头如何寻找猎物

随着人们对职业规划意识的提升，猎头的地位也在悄然提高。猎头不是简单的职业中介，而是将与人才共舞一生的职业咨询师。要能和顶尖人才共振，猎头经常要分饰多角。

如果你想被猎头捕获，就要清楚是什么人在从事猎头服务？要了解猎头们的工作性质和策略，他们一般都通过怎样的渠道和方式找人？

优秀的猎头自己就是行业高手，还要同时具备沟通能力、洞察力、判断力、记忆力，乃至演技和心理素质，每一项能力都要具备。

如果猎头接到的单子后，从资料库里调出企业可能需要的人才，沟通筛选一下，然后提交几份简历给企业似乎就了事了。这钱也未免太好赚了。但公司如果能自己找到人，谁会愿意付钱给猎头呢?公司去找猎头，一般都是因为要求苛刻，或者时间紧急，他们找的人在人间难寻。也有一些是公司战略要发生调整，高级经理要秘密招聘。

猎头能找到别的公司找不到的人，首先自己要记忆力超群，在各种场合都留心结识人才，努力记在脑海中。除了记住人，优秀的猎头还是行业的雷达。哪个行业有风吹草动；哪家公司在重新洗牌；哪家公司会让人折寿谁能第一个嗅到这些信息，谁就能打赢战争。

猎头公司找一个人，首先要从庞大的资料库里筛出几百个大致符合用人单位要求的候选人。里面如果有300个人合适，可能只有100 个人想跳槽。给这100个人发送邮件，只有50个人回复给了猎头简历，其中又只有20个人的条件最靠谱，最后筛出3个最佳候选人。猎头将这3个人的背景。简历做成报告，在报告后面附上猎头对他们的评价、判断和推荐理由。

从接单子、找人、面试，到提交报告，A公司给猎头公司的时间只有一星期，这是个业内的通例时间。往往公司找到猎头时，时间已经非常紧急了。优秀的猎头公司能在3天内交出报告，如果猎头公司有几个具备深厚工作经验的“老鸟”，事情就好办多了，他们自己的脑子就是个大型人工电脑--看到客户的要求，他们脑中能噼里啪啦地闪现出几个合适的候选人，那么提交报告可能只是3小时的事。

建立圈子是猎头的立身之本，圈子才有辐射效应。做成了一单生意，猎头就要想办法与他成为朋友。如果在这次跳槽中候选人认可猎头的素质，他进入新公司后，手下也可能还要使用猎头，生意会继续交给你。猎头可以从候选人那里了解很多新老东家的消息，用候选人再来扩展自己的人脉关系。总之，猎头用一切可能的机会与人交流和沟通。

因为猎头要很珍惜自己的圈子，所以猎头坑蒙拐骗、不守信的事情并不经常发生。明知公司和候选人不匹配，为了佣金把候选人蒙进去，对方可能要记恨猎头一辈子。每个圈子里的人都是有限的，消息散开，猎头以后在圈子里就举步维艰了。如果机会不合适，专业的猎头不会勉强候选人的。这次不成，还有下次。眼下的生意带来金钱，候选人能带来未来的机会。

猎头的屁股绝不只是坐在客户公司一边的。他们想挖的人才往往在职位上做得正high，冷不丁你想挖人家跳槽，如果你不贴身为他着想，人家凭什么相信去了别家会更好呢?

比如A公司要请猎头招一位年薪60万~80万的总监，猎头顾问首先要详细了解A公司对这位总监的要求，包括为什么要招、公司架构、汇报线、下属是哪些人、薪酬体系、权责、业绩指标、权限。直属上司的特点和喜好、将来的发展等等。越详细越好，这样才可以去给候选人详细地介绍。猎头公司找到合适的候选人，提交了报告，就开始与HR协调面试事宜了。从这时开始，猎头是候选人地地道道的“保姆”：会有几个人面试你；他们的风格怎样；可以穿什么样的衣服；用不用讲英文；用不用先做题；在哪儿停车；路上堵不堵--总之，要事无巨细地把最佳状态的候选人送到HR面前。

A 公司总算看中了其中一位候选人，准备发出录取通知了。这时猎头还远远不能喘口气，他们还要为候选人去和公司谈判，多多争取一些利益，让他心理上能更确定，也让自己的佣金丰厚些。这些谈判会非常琐碎：年薪能不能多些，如果不能，能不能多给点股票和期权；下属是要用现成的，还是可以重新招一些；能有多少资源支持。更细的还包括各种人文关怀：报销额度、住房补贴、车位、孩子上学、假期、补助等等。

候选人终于接受了录取通知，但他还没有正式从原公司离职呢。而且按惯例来说，如果候选人在新公司没有做满3个月，猎头是收不到佣金的。但猎头的产品是活生生的“人”，人不是标准化的，思想是很复杂多变的，有时变化是无迹可寻的……猎头经常遇到已经接受了录取通知的候选人一觉醒来就决定毁约了：“我太太不喜欢我的新工作要经常出差”；“我没办法带孩子了”；“我不喜欢到上海去汇报”；“我觉得自己还没做好准备跳槽”。道路全都铺垫好了，这些突如其来的主观变化会让人崩溃。猎头只能不断地和候选人保持沟通，巩固他的决心。

很多初期的筛选、电话面试、初面都是靠猎头完成的。与公司收到五花八门的简历不同，猎头收到的简历都很华丽。他们更善于把简历中的大串经历去掉包装和水分，谓之“脱水”。

比如猎头会了解你此前参加过的项目，了解项目当年的背景如何；你在其中担当什么样的角色；你做了哪些工作，结果如何；有什么心得和体会。这样一番问话下来，就可以大致判断出一个人的逻辑性、项目管理能力、时间管理能力、控制力。有些候选人的简历上什么都做过，好像能力很广泛，但深入到一个岗位有多专业?这些猎头都很懂得用一些量化的数字去考验。猎头还能发现沙中的金子，有的候选人不善言辞、表达不清，但实际很有才干，猎头也能发现。”怎么发现呢?我们都想知道。“因为经验吧，猎头见的人实在是太多了，比企业的人事主管还要多很多，在他们面前伪装很难。”

猎头卖的产品是“人”，人有很大的不确定性，不能任何时候都用理智来判断。需要情感沟通、需要交流—每笔生意都要针对具体对象想不同的办法，猎头实在需要时刻保持很高的敏感度—这是比卖标准化产品难做得多的生意。猎头要能对人的情绪和思维有体察，做个名副其实的“人精”。所以，猎头越老越吃香，除了经验和他们脑中的数据库，还有他们对于“人”的理解。

但“人”虽然不能标准化，但销售“人”这个产品是没有成本的。所以国内有多如春笋的小猎头公司，三五个人就可以组成作坊开公司了。这些创业公司的老板很多是在大型猎头公司积累了资源，有了自己的圈子，也可以做得有声有色。

猎头公司的出现，促进了人力资源的流动和合理配置，已成为企业求取高级人才和高级人才流动的重要渠道，并逐渐形成一种产业。

猎头服务的一般流程是：猎头顾问通过专业的寻访途径获取人才信息，运用专业的人才测评评价技术进行筛选，将合适的人才推荐给客户，跟踪服务到客户满意。

专业的猎头公司拥有专业的资质和人才甄选手段。面试是企业客户筛选人才的第一关，很多企业将自己收到的简历交给猎头审阅，让猎头帮助其把关。

大多数猎头顾问相信，过去行为是未来表现的最佳预测，因此他们会在面谈中着重提出类似“行为面试”的问题。候选人在与猎头对话前，需要做些准备。

做猎头是很苦的，周期长，需要不断地沟通，到最后还有可能前功尽弃，而且就跟介绍对象一样，可能还要遭埋怨。但这又是一件非常值得一做的事。它可以帮人发掘自身潜能，提升生活品质，从而改变一个人的人生轨迹。在这一过程中，也可提升自身的价值，自己的社会品质。如果只是为了挣钱，那就成了人贩子了，这不是猎头公司要干的事。许多猎头公司关门大吉，就是过于急功近利，不是将之作为一项事业。

当年猎头公司一拥而上之时，一些公司拍胸脯说什么样的人都能找到。实际上猎头这个行业和行业特性非常明显，如医药、金融、IT。香港几百家猎头公司，不存在恶性竞争，因为市场分得很细。内地市场很混乱，恶性竞争，相互压价。猎头行业是一个不事张扬的行业，不能靠炒作，更多是靠朋友圈子和资源关系，靠口碑，像滚雪球一样发展壮大，像水波一圈圈荡开。人脉和资源非常重要，没有资源你不要做这个行业。我们的客户资源5%是关系，其他的都是靠搜集信息，分析信息，有针对性地与目标客户联系，主动开发的。

此外，这个行业专业性、政策性、技术性和保密性都很强，双方都不愿意声张。我们曾经推荐过的人职位都较高，我们与职业经理人是心心相印的关系。你帮了他，他对你的感激之情会表现在继续与你保持联系，在用人之时会找你，你在找人时他会动用所有资源，或将相关信息告诉你。职业经理人非常看重你的资历和人品，如果你是一个大学刚毕业的一个小姑娘，人家怎么会把自己的职业生涯交给你来运作呢。

猎头为什么收费较高？就是因为其中有大量的经验和匠心，是初出道的人学不来的。事实证明90%以上是这样。此外，猎头公司规模都不大，国外也一样，有的听起来很大，其实是从猎头起家，再延伸出其他综合服务，人事外包、培训、咨询等。单独猎头一项，很难做大。猎头顾问是职业经理人的经纪人。经理人每走一步猎头公司都是十分关注的，如同大腕演员与文化经纪公司之间的关系。一个好的猎头公司，他手中的资源并不一定非常庞大。几百人足矣。精英人物可能就那么相对固定的一群人，职位就那么多，而且其中一些人是不愿动的。说起从业素质，我觉得做得好的高级顾问应该是成熟的中年男性。

大学刚毕业的新手应该先到企业人力资源部打打工，了解人事主管的业务模块有哪些，都是干什么的。几年后再进入这个领域时是二十七、八岁，很快能建立交际圈子，进入角色比较快。二十八至三十五岁可以做个顾问，但还不是高级顾问。女性做个顾问比较合适，心理比较稳定，办事细致，但到一定年龄后可能就有惰性了。有人认为，高级的猎头顾问最好是做过人事总监的中年男性。

猎头顾问的工作与企业人事部门工作有相近之处。客户找的都是高层职位，对企业发展的影响举足轻重。所以要求特别实事求是，不能像推销员那样工作，更不能像旧时代的媒婆，把对方说成一枝花，实际却不是那么回事。客户是什么样就是什么样，我们尽我们所能了解候选人的情况。双方都不会是100%完美的，只要双方觉得合适就行。我们要帮助双方分析各自的优势和不足，机遇与风险，站在对方的立场考虑问题，以前他没有想到的东西你帮他指出。我们仅仅是作参谋，不能勉强他，让他自己拿主意。不行的话下次再说。有时候选人并不一定完全看待遇。他看好客户的前景，看得长远一点儿。因此，这项工作特别需要细心和耐心，要充分了解客户和候选人的情况。还要有良好的心态，要经得起挫折。有时候猎头前面已做了大量工作，合同都签，体检不合格，所有的工作都重来一遍。还有双方都达成协议，合同也签了，到原来的公司去辞职，原公司死活不放，又是加薪，又是许诺。候选人很为难，碍于情面，就不走了。猎头能把候选人骂一通吗？不行。还得这样说：你是一个人才，如果我是你的老板，我也得这么做。

4. 猎头是一种“酶”

有人说：猎头是一种“酶”，它催化了人才的流动，更催化了人才在企业发展中的作用。作为催化剂本身，猎头却具有与生俱来的低调特性。

“有一家年销售额10亿美金的中国上市公司，想请您担任海外市场总监，您看有没有兴趣？我们想跟您聊聊。”当你接到类似的电话时，恭喜你，你被猎头相中了。

相信不少高级人才都接到过这类电话，不过大部分人并没有这么好运。对于信息缺乏的中高级职业人来说，如今流行的不再是坐等机遇，而是主动找到猎头，毛遂自荐，掌握主动权。那么如何找到合适自己的猎头，如何与猎头对话呢？

随着中国外资企业的增多，更多研发中心的设立，猎头行业生存的土壤越来越肥沃。据有关消息，近年来进入中国市场的外资猎头公司多达200多家，猎头成了“人见人爱”的角色：一方面是市场信息的“晴雨表”，另一方面给职业人提供了更好的职业机会。一般猎头都在职业生涯规划上有一套，他们负责“包装”个人，促成“交易”，即使不想跳槽，职业人也不会拒绝一次免费的职业咨询。一项调查显示，48%的人非常欢迎猎头的到访，另有48%的人则表示“不排斥”，只有4%的人明言拒绝。

猎头的到访无疑是个人职业成功的一次证明。那么，怎样的才能主动得到猎头的垂青？

首先，寻找合适途径靠近猎头。猎头是相对隐秘的行业，经常给人“神龙见首不见尾”的感觉。因此高级人才需要积极寻找猎头的信息，网络搜索、业内人士介绍、进入猎头论坛发言、通过猎头们的相互推荐等，都是有效的渠道。当然，猎头公司有大小数千家，还需分辨规模和专业性。

其次，寻找合适的猎头。各家猎头公司都有“特长”，比如有些公司专注于做德资企业，有些猎头则重点为日本客户挖掘人才。又比如有些公司熟悉擅长IT行业，拥有大把IT知名企业客户，有些公司则在快速消费品、汽车、金融等行业拥有良好的口碑。当然，还有一些较大规模的公司做综合行业的猎头工作，拥有来自各个行业的优秀客户。职场人应该根据自己的行业定位，寻找契合的猎头公司。

最后，致电和发送简历。找到猎头公司，可以马上致电说明来意。大多猎头都非常欢迎高级人才毛遂自荐，完全不用担心自己的冒昧。

拿到专业猎头顾问的邮箱后，发送并确认简历。一个猎头的人才库中，优秀人才成千上万，在投递简历后，最好能主动约见一次，以增加印象，事后也可经常联系，保持良好的关系。

在网站上多更新自己的简历，网站仍然是猎头公司--尤其是小猎头公司经常光顾的地方。

参加一些行业聚会、大型活动，那里总会遇到一些猎头与大家交换名片。有些人比较排斥那些乱发名片的人，其实换张名片也无妨，谁知道哪块云彩会下雨呢？

加入一些网上经理人聚集的论坛，适当发表一些“技术帖”，剖白一下自己。那里也是猎头常去的地方。

需要比较长期的努力，但这是最有效的方法。广交朋友，遇到猎头资源多留心。进入了圈子，一切都会游刃有余了。

如果你是金融、地产、医药、制造业、IT、消费品、化工、汽车等技术含量较高的职业，你可以格外留心猎头的机会。特别提到的是，如果不是猎头主动来找到你，并不建议你主动去找猎头。猎头不是职业介绍人，他的服务对象只能是客户，而不是个人。全国没有一家猎头公司是向候选人收取佣金的，因为比起为企业找人来说，为个人找工作成本太高，成功几率太小。而且，猎头是为那些不愁找工作的人找工作，如果你的简历单薄，甚至是应届毕业生，去找猎头为你介绍工作只能让他觉得你是个“麻烦”。

现在的猎头运用精密资料库做第一回合的调查，你的职衔最好是通用型，如“运营总监”等。如果你的头衔十分普遍，就会被电脑自动抓取分类，放进初步人选的名单中。有些公司喜欢给员工古怪的头衔，比如“首席学习顾问”这种比较广义又没有职级之分的头衔，如果以这样的衔头你发一份简历到人才库中，很难有猎头把你搜索出来。

你如果想挤进猎头的庞大资料库，这里有两点建议:第一，增加曝光率。让年度报告、组织图表、发给顾客的宣传小册等等，都出现你的名字。要是你的职位在公司里还不够格被列入年度报告和组织图表，你可以想办法把类似的资料发给顾客和供应商等，这种资料就很有可能流入猎头的手里，供他们输入资料库。第二，制造曝光机会。给报章杂志投稿、争取在公众面前发言的机会。通过这些渠道，猎头很快就会知道有你这号人物。

猎头公司感兴趣的对象，一般都具有不俗的实力。具体分解到各个方面，主要包括了以下特征：

教育背景—最好是高学历、名牌大学毕业生。那些从海外留学、工作回来的人才，会成为猎头首选目标。

工作经验—只有具备丰富的企业工作经验，才能尽快融入到新的环境、新的企业中，迎接新的工作挑战。

工作业绩—工作业绩是工作能力的一种量化体现，也是工作经验的有力佐证。

职业精神—包括对企业的忠诚、敬业等。两年之内换了4份工作的人，猎头公司会对他不屑一顾。

猎头的对象除了一些企业急需的中高级技术与管理人员外，一些优秀的战略储备人才，也是他们寻觅的目标。这样，一些工作只有1~2年，甚至刚走出校园的毕业生，也是有机会成为猎头对象的。针对毕业生而言，应具有以下特征：

有一张漂亮的成绩单，有扎实的专业知识；

有某些特殊且优秀的专业技能用于新领域，如外语、计算机；

拥有成功建立或领导优秀的组织或社团的经验；

参加过高质量的社交活动和社会实践活动；

能在极富挑战性的环境和条件下顺利完成任务；

多次参加校园中有影响力的竞赛、研讨会，成绩优秀，引起特别注意；

多次投稿给报纸杂志，在学科内发表论文、文章，有较高的专业质量；

具有较强的人际沟通能力与管理素质；

参与导师的研究工作（该工作与某一行业紧密关联），做出了一定的贡献，获得肯定；

自己可主动与猎头公司获得联系，进入猎头的人才数据库。

5. 出名的猎头公司就一定可靠?

目前尽管国内的人才市场和人才中介服务公司的数量远远超过外资以不公开方式运作的猎头公司，但国内人才中介公司的人均营业额几年来都在人民币20万元的水平波动，而外资猎头公司的人均营业额则在美金25万左右，明显比国内的猎头公司高出一筹。为什么会出现这种情况呢?

首先，国内猎头行业发展时间不到10年，而目前在上海设有业务点的国外猎头公司大多有几十年的业务积累，他们有丰富的服务经验，全球的业务网络，强大的人才数据库，以及被客户接受的服务标准。世界500强企业有一半在上海有分公司，人才需求旺盛，但绝大多数的业务机会还是给国外猎头公司所垄断。第二，本土猎头和外国猎头竞争的起点并不一样，虽然国家明令规定只允许外国人才中介机构与中国合资或合作，但实际还有很多外国猎头公司在国内操作，国外签合同，连最起码的营业税都不交，更别提所得税。而国内公司，包括一些刚改制的中介公司，他们原来是国家拨款或差额拨款，改制后，国家不但不给钱了，而且作为企业还要交税，他们无法积累资金建立一个强大的网站、数据库、培训招聘顾问。

所以本土猎头公司目前主要的弱点是人才数据库、业务网络、技术支持等相对比较缺乏。那么如何在目前这种情况下，发展人才的中介服务呢？关键还要从抓顾问的服务意识和业务质量开始，

世界第一家猎头公司是成立于1926年的美国迪克迪蓝人才搜索公司，之后猎头公司依托全球经济的持续发展而不断得以壮大和成熟。随着中国的改革开放以及大批外资企业的涌入，我国猎头行业随之萌芽，进入探索和快速发展阶段。

2001 年，中国加入WTO，整个经济环境正变得越来越具有竞争性，人力资源作为企业中最活跃的部分，成为企业进一步发展的决定性力量。猎头服务构成了企业求取高级人才和高级人才流动的重要渠道，并逐渐形成为一种产业。并在这10年间，我国猎头公司如雨后春笋般蓬勃发展，目前国内猎头公司数量至少在5000家以上，市场规模数十亿元人民币。

目前，国内的猎头公司大致可分为四类：国外大猎头在国内开设的办事处，如美国的科恩·费里；中外合资的猎头公司，如智联；国有或集体性质的猎头公司，如波森、赛思等；个体或民营的猎头公司，如泰来、科锐。它们多以“人力资源顾问服务公司”的面貌出现。

国内猎头市场基本上已经形成外资猎头和本土猎头两大正营。目前国内猎头公司主要还是集中在北京、上海、广州、深圳等经济发达的一线城市，尽管内地一些主要的城市也有一些小型处于起步阶段的猎头公司。单纯越是发达的中心城市，猎头服务市场的竞争越激烈。目前在广东就有约1000多家各类不同类型的猎头服务机构。从规模上讲，猎头行业作为一个特定的、专业服务性行业已经形成。由于猎头公司对营业额普遍采取的是一种秘而不宣的态度，

只有个别似乎对自己业绩满意的公司愿意透露一下。但是据了解，因为国内的猎头行业比国外起步晚，规模一般都不是太大，多数猎头公司的营业额在七、八十万到五、六百万之间，高的在一千万到五千万元人民币。

智联猎头是外资占95%的股份，创始人是英国人。与本土猎头相比，当地猎头的主要优势突出表现在流程上。比如说面试，面试的时间多长，有哪些问题，问题分多少组，哪些是关于领导能力的，哪些是关于销售能力、沟通能力和合作能力的，都设计得非常精密。再比如说背景调查，什么时候给候选人打电话，要什么资料，与客户如何接触，如何谈，都有一套严格的程序。凭借规范、高效的流程，智联猎头已成功地为众多的跨国公司招聘到高质量的本地人员。当地猎头公司人员还成功地为许多公司从北京、上海、天津、广州、无锡、苏州、杭州和成都等地招聘到了他们所需的本地和海外人才。

著名的跨国猎头公司大多数分布在上海、北京、广州三个城市，这些猎头公司主要是为世界500强企业服务，为来到中国的跨国公司寻访年薪至少30万美元以上的中高级职位，或年薪超过100万美元的区域总裁级高管职位。跨国猎头公司的收费起点很高，通常对每个寻访职位，最低都要收取6万美元以上的猎头服务费。由于其门槛偏高，到目前为止，还很少有中国本土企业能够享受到或愿意接受他们的服务。实际上，这些跨国猎头公司在中国的业务所占的总市场份额并不大。

你应该问哪些问题，如何设定问题，如何打破僵局。总裁都很忙，很可能秘书就把你搪塞过去了。即使总裁知道此事，也不定会放在心上，因为猎头公司找他的多了。这个环节就要求专业化，沟通能力，灵活，对候选所在行业的理解。不同行业的人或不同背景的人需要问不同的问题，如何设定，如何开始，什么时候打电话。打电话前你是否做过大量的研究，了解这个人的状况。他的个性是什么等。国内的公司可能只找到两个候选人，还是失业的，国外的公司可能找到了50个。国内的公司打电话，人家可能会说："对不起，我对你说的机会不感兴趣"。可是第二天国外的公司打电话，人家就把简历给他了。这完全是有可能的。这就是专业化流程。这只是流程中的一个很少的一部分。所以，在流程上我们还需要向洋猎头学习。洋猎头进来并没有什么不好。没有必要给他们让门槛。靠防守打法是不行的。中国在搞市场经济之前人才流失比搞市场经济后还要多。二十年前许多人一到美国就不想回来了，现在为什么那么多海归，因为中国有很多机会。必须进入市场，把自己放在市场中，中国是在较量和竞争中往前走的。科锐现在70%以上的客户都是外企，这说明本土猎头是有力量与洋猎头对垒的。

在中国内地或香港注册成立，实际经营时间已经超过5年的猎头公司主要集中在北京、上海、深圳和广州四个城市，它们的日常经营较为规范专业，已经实施跨区域运作，猎头收费相对较高，但它们的服务品质能够给予保证，而且在经营信用方面已经过关。这些猎头公司均已经拥有数十名经验丰富的猎头顾问，他们主要从事中国国内的知名大企业中、高层职位的人才寻访，同时，他们也有专门的团队帮助来到中国的跨国公司寻访中层偏下一点的职位。这类猎头公司是中国猎头市场上真正的主流力量。他们从管理层到猎头顾问都经过较长时间的实战历练，具备比较丰富的从业经验。并且大多具有明确的行业和客户定位，更积累了相当丰富的人才资源，对国内相关行业非常了解。因而这类公司在中国猎头市场上最有优势，这类具有一定品牌认知的猎头公司，目前在全国不超过100家，但它们能够实际占有中国整个猎头市场份额的60%以上。

低端猎头公司规模较小，成立时间短、收费低、专业能力弱，其中相当一部分甚至根本就没有专业能力。这些猎头机构业务范围基本集中在单一区域，也未进行行业划分。主要从事中低端职位的人才寻访。这类公司由于数目多、规模小，整个公司往往只有2–6名员工，服务水平良莠不齐，急功近利的心态较重，他们在一定程度上扰乱了猎头市场的健康发展。

由于猎头行业的发展和全球经济绝对是百分百同步，2008年9月的全球金融危机，也对中国的猎头市场进行了巨大的冲击。

在这场危机中，美国不少知名猎头公司关了门或者生意急剧萎缩，其设立在中国国内的办事处或者子公司相应倒闭、裁员。国内的本土猎头公司也因直接业务量下降导致裁员或者停止对外招聘猎头从业人员。

危机过后，很多企业都减少了招聘数量，猎头佣金的收费直线下降。而且实际上，专注于高端的跨国猎头们在中国的生存状况一直以来并不理想。据了解，美国万宝盛华（广州公司）以前高端猎头业务占了60%左右，金融危机过后，现在则是中端猎头占60%左右；以前客户90%都是外企，现在开始慢慢接国企和民企的单子，外企的比重下降到60%左右，收费标准也由原来的按照年薪的30%–33%收费佣金下降到25%左右。在2008年，全球第一的光辉国际（1969年成立于美国）在中国成立了一个中端品牌“Futurestep”。高端领袖人才搜猎咨询公司海德思哲也在危中求变，2009年4月投资了中国职酷网—以“职位搜索引擎”为核心产品的招聘网站。

国内本土的知名猎头公司在金融危机下，依托对中国国内市场及行业内情的了解，反应速度快，降低收费标准，积极拓展二、三线城市的快速发展中的民营企业客户，成为经济危机下的一个新增长点。

外国公司的收费很高，但是他做出的结果可能并不是最好的，他的优势在于他的工作流程很规范。人家有几十年的经验，这是值得我们学习的。流程的环节很多，每一个环节里的道都很深。很多时候外国公司就认为，只要你过程做好了，结果是必然的。我付给你的劳动报酬就是应该的。中国公司只注重结果，不管中间环节，他就看你最后找的人是不是他想要。有些外企就是不认可你，你怎么证明你的品牌是非常好的呢？你能把握流程和结果的关系吗？其实，本土猎头的优势是非常明显的，最大的优势就是对国内人才市场很熟。洋猎头进来并不是坏事，可促进国内猎头公司的发展。

国外猎头行业已发展得比较成熟，国内猎头都是自己的探索出来的。就工作性质和流程而言，中外没有什么差异。国外公司储备的数据可能多一些，对信息的分析手段和能力可能会略胜一筹。但猎头公司是一个顾问的角色，有很多东西不能靠数据。不是因为你的注册资金多，推荐的人就值钱。不是说你有一套高技术，找人一找一个准。你做的是沟通工作，拼的是捕捉信息的能力。你需要对高级人才的职位和发展进行一个充分的分析，要了解企业的真正需求，掌握竞争对手的情况，在相关行业中发现和甄选人才。这个过程需要获取信息、分析和评估。要进行充分的沟通，还要有选择和判断力。所以，从服务流程上来讲中外猎头公司应该没有任何区别，而且洋猎头也不具备非常突出和明显的优势。因为它不是一个创造和生产产品的企业。你所推荐的人才不是你生产出来的。而是你发现的，而发现的工作谁都可以做的。流程不是流水线，其中有太多的东西需要人来把握，初入行的往往不规范，不够职业，但有经验的猎头顾问是可以通过流程控制结果，有经验的顾问可以省略流程中的某些环节。洋猎头进入中国后，业务并没有增长太快。只不过外企对本土猎头认同度不够，这主要是文化背景不同。也有的是猎头服务是作为采购计划中一项附加约定。有人说，洋猎头做得很大，它的规模大主要是分支多，业务有伸延。洋猎头不构成威胁，有助于本土猎头的成长，也有助于企业更好地认识猎头的作用。

1992 年沈阳出现第一家猎头机构—维用猎头，是新加坡维用集团下面的一个猎头部，负责给集团内部找人。之前，国内几乎没人知道什么是猎头公司，什么是人力资源顾问。当猎头顾问与人选接触时，他们感到惊讶、怀疑和不解，甚至惶恐。一些人将猎头顾问视为老板请来考查自己对公司是否忠诚的探子，还有一些人把猎头顾问看作是刺探公司情报或招募他们从事某些特殊工作的间谍。业内还流传这样一则笑话，一家猎头公司的老总参加一个酒会，当他与人交换名片时，人家把“猎头”误念成了“猪头”。

中国本土的市场最终领先的还会是中国本土猎头，这一点没有什么可说的。但如果再细分的话，可能就不好说了。洋猎头可能规模很大，但这主要是指他们的全球网络，全球的资源，但在某一个地区或领域他不一定是靠前的。我们完全有可能成为中国市场的领先者。在一些特定领域，国外公司可能会领先。因为国外公司比较专业，有的只做金融或教育，或非营利组织，别的都不做。服务流程是指什么，规范表现在哪些方面？我只举一个例子。比如说一家跨国公司需要找一个中国区的总裁。我们让一个人给这个候选人打电话，告诉他我有一个总裁的机会，你是否感兴趣，如果感兴趣，请把简历给我。这个环节在整个流程中只是很小的一部分，但我可以断定，如果是国内的公司和国外的公司竞争，国内的公司可能拿不到这个单子。仅此一个环节就可以看出专业与非专业的区别。

随着“职业生涯规划”、“跳槽”这些词语在现代人生活中频率的不断增高，“猎头”，一跃成为各类企业寻求发展和专业人士职业生涯中不可或缺的角色。大公司中高管的突然辞职另谋高就，每年新年前后各大企业遭遇的跳槽高峰，来自海外、拥有国际性经验的专业人士进入民企担当重任……这一切，都离不开专业猎头那指挥若定的手。

6. 企业如何看待猎头公司

猎头服务费根据企业状况不同收费标准从10%-30%不等，当然也有企业花费百万元来寻访1名人才的情况，可谓是求贤若渴。一般来说对于年薪10万的高级人才，猎头的服务费才2万元左右。而企业如果用一个人力资源部职员，平均一年也需要3万元左右。但他们能否在较短的时间内找到企业所需要的高级人才呢？而人力资源部一年的办公费用和招聘费用要在几万或几十万元以上，而招聘的人员也未必都能让企业满意。因此猎头的费用远远低于企业自身聘用专人的薪酬及招聘费用，所以也就有许多国际公司将人力资源的招聘业务外包给猎头。

现在的猎头大多都要在1-2个月就完成委托单，而对于某些高级职位，企业自身却用一两年也找不到合适的人才。由此许多项目就因为关键人才的不能及时到位而迟迟不能运作或流产，这种损失与猎头的费用相比到底孰重孰轻？

对于用人单位来说，人才市场（招聘会、应征报刊广告）上的人才多为流动人才，极少高级、特殊人才。猎头对一个人才的选拔要通过素质考核、业绩核定、专家鉴定、电脑测评等多种手段来进行。更何况它又是在众多猎手推荐的精英人才中挑选出最为适合客户要求的专业人才。对于专业猎头机构来说都会有自己的人才简历档案库，能够进他们简历库中的人才都是有优秀从业经历和从业背景的高质人才。选人时都要首先从这些大型的档案库中挑选，除非是企业指名要挖的其他公司在职人才。

猎头对候选人的背景要做非常彻底的调查，甚至有些人才都是猎头顾问跟踪了1年以上，几乎掌握了它的全部资料及发展动向。

猎头除提供客户所需要的人选外，还要继续搜寻符合条件的人选，以备不时之需。

猎头希望推荐的每一位人才都能长久的和客户合作，因此他们会结合每一位人才的实际情况和企业的需求，为客户做好留人和用人方案。

别的企业的人才你相中后，自己又不适合直接出面去联系，可用猎头出面去解决；对企业内部的某个人自己不想继续留用，而又不能直接面辞，何不请猎头将其挖走。于己于人两全其美。

一个专业的猎头顾问，必在人力资源管理方面有着丰富的工作经验，及吸取众家之长而总结的用人理念精华，完全可以胜任你在人力资源方面的顾问。

当你和猎头成为合作伙伴后，你可以随时向猎头咨询本行业的薪酬趋势及行业发展动态。

任何一家专业猎头都有在一定时间（几年）内不许在客户内部挖人的承诺，因此你一旦成为猎头的客户，猎头就不会在你企业内部来挖人，从而使你的人才得到了保护。

相信以上各点的陈述能够让你的老板真正理解与猎头机构合作的重要性。从目前的世界经济状况和企业发展前景来看，越来越多的企业与猎头机构合作是势在必行的。职业经理人都明白一句话

“专业的事交给专业的人来做”，请放开隔阂，放开心扉与专业猎头机构合作，您的企业将得到更多优秀人才，为您的企业创造更多的财富和价值。

不管你对猎头公司如何看待，也不管你是否喜欢猎头公司。猎头已经在企业招聘中扮演越来越重要的角色。大约七八年前，使用猎头公司的机构大多数是一些跨国企业，猎头对大多数公司来说还非常遥远。在最近这几年，这个市场以一种异乎寻常的速度在发展，越来越多的企业意识到应当选择至少一家猎头公司作为自己的战略合作伙伴。但是，企业应该选择一家什么样的猎头公司，企业又该如何与猎头公司共舞呢？

君子有所为，有所不为。猎头公司能够掌握大量的企业和候选人的机密信息，如果心术不正，对谁都是一个灾难。当面临诱惑的时候所表现出来的品质更加重要。各位可能说，好的职业道德是入门的起码条件，但是，实际上不少公司和个人还真的不具备这个起码条件。很多猎头公司甚至默许员工帮助候选人造假，而有些猎头公司连起码的简历调查都不做，甚至帮助候选人做完全搀水的简历调查。而凭借对客户的了解挖客户墙角的事情更是时有发生。这样的猎头公司绝对不能雇佣。

先敬业才可能专业，如果一个猎头公司的敬业水平很差，那么专业水平好不哪那里去。企业可以通过和猎头公司顾问人员的交流了解到这个公司的专业水平，听一下他们对行业的分析，看一下这个公司所提供的报告的水平，而且，企业有权力了解这个公司主要人员和具体负责的顾问人员的职业履历。我们很难想象一个没有什么工作经验的专科毕业生能够给客户提供什么解决方案。企业需要雇佣的是一个可以对自己不断启发并提供增值方案的猎头公司，而不是对自己言听计从、逆来顺受的小媳妇。遗憾的是很多企业却选择了后者，美其名曰用起来顺手。

一流的猎头公司都会选择比较有知名度的写字楼，如果一个猎头公司办公环境很差，就算企业不介意候选人也会介意，最终将影响到推荐质量。而信息化水平的高低直接关系到这个猎头公司数据库的质量，从而影响到工作效率。信息化对猎头公司不是要不要的问题，而是怎么要的问题，生存和死亡的问题。对硬件水平和信息化水平的了解的最好办法就是到这个猎头公司的办公场所实地考察一下。如果我们都已经认可了好的销售人员应该呆在一线，那么，好的人力资源工作人员难道就应该总是呆在自己办公室里吗？到和你合作和准备合作的猎头公司办公室里面走一下，看一下他们的硬件水平顺便看一下他们在干些什么。

一个猎头公司目前服务一些什么类型的客户，做一些什么类型的委托实际上也反映了这个公司的实力。当然，由于商业机密的原因，优秀的猎头公司往往不愿意透露这方面的细节，而浮躁的猎头公司则可能编造一些成功案例。这就更需要企业有很好的判断水平。

任何一个公司都有自己的优势和劣势，一个猎头公司可能在北美是前十，但这个猎头公司可能在广州没有任何成功案例。一个在IT 领域非常强的猎头公司可能对日用消费品没有多少概念。企业要清楚这个猎头公司的优势是否是你所需要的优势，而所谓的劣势是否是一个对贵司来讲十分致命的缺陷。

雇佣一个高知名度和影响力的猎头公司本身就是一个企业身份的象征，而且还是质量的保证。一个有影响力的猎头公司和顾问人员将给候选人很大的信心，这对候选人是一种强烈的正面暗示。毕竟，候选人是通过猎头公司对企业进行了解的。

你所合作的猎头公司是否对你重视也非常重要，如果这个猎头公司总是给你分配经验比较差的顾问人员，或者将你们的委托排在比较向后的程度，那么推荐质量和速度肯定将受到影响。当然，如果所有的猎头公司对你都不重视，那么你可能就需要自我检讨一下，看一下是否自己需要改进一下了。

对猎头公司评估尽可能要有级别比较高的人参与，企业选用猎头公司的好坏对企业整体影响很大，因此不能简单看作是一个供应商。一个基层管理人员很难把握中间的火候，我个人不主张将猎头公司的评估和选择的权力下放。当然，这还得看企业的具体情况。

既然这是一个双向选择的年代，毫无疑问，猎头公司也在选择客户（不选择客户的猎头公司肯定有问题）。企业又该如何吸引好的猎头公司和好的顾问人员呢？或者说如何让和你合作的顾问公司将最高水准展现出来呢？

平等和相互尊重是基础。很多企业认为我是甲方，我出钱雇佣你，所以态度上比较傲慢。这非常容易引起猎头公司的反感。猎头作为一种管理咨询必须要推销自己的解决方案，如果客户过于傲慢，认为自己都是对的，解决方案肯定难以受到尊重。在这种条件下，合作平台将不复存在。举个例子，有些客户在取消和猎头公司定下的会议时就让秘书打个电话过来，连起码的道歉都没有，这点非常容易引起反感。

选择素质和级别较高的员工和猎头公司打交道。有些企业让一些级别非常低的员工和猎头公司打交道，这些员工谈吐非常幼稚，结果是一下子就被猎头公司看低了。而且，由于用人方面比较敏感，一个底层员工信息掌握就有问题，话传来传去十分浪费时间不说，想进行深层探讨也不太现实。

给猎头公司预留合理的利润。全世界所有的咨询公司都遵循一个简单的原则Consulting for Cash（咨询换现金）投入什么样的顾问人员，投入多少精力和能够得到多少利润息息相关。越是知名的猎头公司，资深的顾问人员越有能力选择利润丰厚的项目。对利润太差的委托，他们要么不接，要么是给你一个“简装本”的操作。

不要透支自己的信用。可能各位刚看了这一条认为非常好笑，但是很多企业的确在浪费猎头公司的时间，最后是害人害己。有点儿像烽火戏诸侯。如果一个企业想法忽左忽右，今天向东明天向西，这实际上就是在谋杀别人的时间。曾经有个客户，在三个月内取消了5个职位的委托，每次他都信誓旦旦地说这是一个意外并讲出一大堆理由，他最终将他的信用全部透支光了。最后，猎头公司不得不冷冻了这个客户的委托。和这样的客户合作不仅仅浪费时间和成本，最重要的是猎头公司也在透支猎头公司在市场上的信誉，而这是猎头公司的生命。

无缝隙沟通。沟通就是力量，同一个职位每个公司的要求都不一样。但是，如果不沟通，谁又能知道呢？招聘过程，瞬息万变，方向可能随时调整。如果交流是有一搭没一搭，肯定影响招聘质量。

根据生意量选择合作猎头公司的数量。建议：不能选择太少，但也不能选择太多。时常遇到两种客户，一种是自豪地和我们说：我们只用一个猎头公司，和其他的不接触。另一种是：我们把这个职位放给了5家猎头，感觉还是不够，看来还需要再加！以上两种做法都不可取。让我们这样看一下，如果你只选择一家猎头公司（当然这是说在生意额比较大的情况下，生意额太小的话，例如每年这方面的预算不超过20万元，你也只能选择一家了)，你如何来管理这个猎头公司呢？这个猎头公司有什么动力给你提高效率呢？反正快也好慢也好生意都跑不掉！没有竞争的情况下最终只能产生质次价高！与之相反，选择多家也是有问题的。

如果有5家公司介入，首先你根本没有能力和所有的公司进行无缝隙交流，这将大大加大你管理经销商的难度；其次，就算你能够和所有的公司进行充分交流，又会出现所有的猎头公司都吃不饱，结果是没有一家给你卖力，大家都对你敷衍了事，谁不害怕血本无归啊！最终导致有实力的公司将你当作小客户，根本不重视你，充其量拿给新人练手。没实力的公司反正水平很差，就算当你是上帝也没有用。作为客户，最好选择一家猎头公司作为你的主供应商（承担70%左右的生意），选择一家作为辅助供应商（承担30%左右的生意），选择一家作为后备供应商（有能力提供服务，但是没有实质合作）。这样，主供应商由于有规模效应将给你一个比较优惠的条款，而且由于有辅助供应商的存在，主供应商对质量方面也绝对不会大意。而辅助供应商由于希望成为主供应商更会将尽可能高的水准展现出来。当一旦你的主供应商或辅助供应商出现问题（例如招聘量忽然加大，对方顾问人员吃紧），你就可以考虑和后备供应商的合作了。我将这个设计称为铁三角。

建立定期回顾的制度，用数字来管理猎头公司。任何提高的流程都是经历执行、回顾、提高和再执行的流程。如果希望不断提高服务质量，必须不断定期或不定期进行回顾和拿出提高方案。而回顾的内容必须可以量化，比如推荐成功率、推荐时间等等。这样的另外一个好处是比较客观，防止出现人情生意的现象。

现代意义上的猎头，多指猎头公司接受客户委托，全程负责和完成功地高级人才的搜寻、甄别和网罗的实践过程。客户作为授权方、监督方和评估方的角色，最终决定猎头行动的目标候选人。伴随以客户为中心的时代命脉，猎头公司开始利用便捷的互联网平台，不断拉紧与客户的业务合作和利益关联。当前，欧美猎头逐渐兴起的“体验式”猎头服务，浮出水面、渐成风尚。它有力改变了以完成客户委托任务为宗旨、以猎头公司为单一主体的服务理念，从而形成了客户与猎头公司资源共享、利益一致和风险均担的新格局。

19 世纪50年代，欧美猎头企业率先确立现代公司制度，跨国集团、上市公司随之出现；60年代中叶，行业规则逐步形成；90年代末，猎头功效和匹配信度开始受到重视，成为行业发展的拐点；进入21 世纪以来，伴随中国市场开放，世界猎头市场趋于完整。与此同时，猎头效能成为市场评估猎头行动的主要依据，更被视为猎头行业的核心竞争力。猎头行业普遍遵循资质保密、协议服务、人才专卖、客户满意、价格底线、合法经营、最终取舍等7项基本规则。同时，也推行年薪溢价、预付订金、订金不退、随行就市、接单抽头等5项行业惯例。这12项准则保护了猎头行业初期的迅猛发展，奠定了猎头集聚成为新兴产业的实践基础，也凝结和固化了世界猎头市场的内在特质。但是，客户满意、最终取舍和随行就市规则却受到了严峻的市场挑战。如在客户看来，猎头公司通过先行的协议约定保护了自身利益，却使得自身承担了候选人聘用风险；而猎头公司则认为，模糊的职位描述、人才需求信息的变动和市场存量的日益紧缺，显然是猎头协议的不可抗力要素。由此，人职匹配仍然成为客户与猎头公司之间利益博弈的焦点。

高科技引领方向、传统产业细分和经济全球一体化等诸因素，使得新型的猎头职位不断涌现，职位要求条款趋于复杂。如在建筑行业，不仅有高级建筑工程师、营销总监、物业管理总监、财务总监等传统猎头职位，还增加了投资总监、融资总监、人力资源总监，乃至于品牌公关总监等新职位。

新职位出现后，与传统职位相比，相互融通、彼此关联。但是，它仍然有着一些特殊要求，如候选人的年龄、特长、人脉关系等。这客观上也为猎头行动提高了搜寻难度，抬升了筛选技术。

乐意采取猎头机制的客户，通常可以接受猎头规则和费用。它们更加关注的是猎头行动的时效性。假若在规定时间内，无法完成候选人履新任务，或者候选人任职后无法完成预期的业绩指标时，客户无疑将承担巨大的损失或者丧失竞争取胜的时机。因此，在众多候选人的选择和淘汰过程中，客户不仅需要适时调整职位需求的具体条件，也不得不考虑具体的候选人范围与原有职位的磨合。即根据竞争力较强的理想候选人的基本条件，反向调整职位条件和要求，以尽快完成猎头任务，从而避免猎头行动风险的集中释放。

与此同时，客户通过对猎头公司的标准流程、遴选尺度进行全程监督，及时整改、及时协商，也能够保证猎头顾问的平均服务质量，以及由此带来的、源于猎头公司经营管理水平和档次的系统性风险。

现代猎头公司通过权限分配、流程控制，采用了专业化、封闭式的猎头管理软件。以客户为中心的体验式猎头，提供开放式的推送服务。最明显的标志就是在猎头公司软件管理系统中嵌入了客户浏览和建议平台，使得猎头公司和客户可以随时、同时查询单项猎头行动的实际进程。

一些猎头公司还根据客户的要求，向客户的高级决策者提供具有标注权或者建议权的登陆账户，在猎头软件工作页面的显著位置，如以“眼睛”或者“举手”等软件符号予以备注或者链接。

在实践操作过程中，猎头协议已经明确了猎头的基本原则、搜寻渠道和筛选标准。但是，猎头公司出于时间限制和成本考虑，无法与客户及时沟通和协商。体验式猎头增加了猎头的透明度，使得客户能够清晰地了解整个猎头行动的运作步骤、实际进程和阶段效果，也可以调阅候选人的详细资料，切身体会到猎头公司的猎头原则、渠道及其结果。

在候选人众多的情形下，猎头公司多采取淘汰原则，一次性放弃多个候选人时，淘汰标准和尺度的复合交叉使用，往往使得实际结果有着明显的差别。特别是进行一些硬性标准淘汰时，经常使得十分优秀的理想候选人出局。而在客户直接参与的透明式筛选过程中，客户可以主动提出化“硬”为“软”的建议，暂时保留这些候选人的入选资格，从而预留了猎头的候选人资源。在猎头过程中，客户可以通过“蓝色圆圈”对已经或者即将被淘汰的候选人进行标示，示意猎头公司可以放行，以便候选人重新取得竞选资格，顺利地进入下一轮筛选。

猎头公司在执行协议时，多以顾问小组的形式展开。而小组的时效性，多被公司的业务量和效益指标所左右。如在订单充足或者市场“塞单”的情况下，合同金额较小的猎头任务，行动往往滞后。

在体验式猎头机制下，任何一项猎头计划的实施进度，都能够被及时登记在案。这是因为猎头软件配备了必要的时间提醒功能，以“红灯”警示闪烁的方式，对猎头公司和客户双方同时提示，督促双方严格遵守规定的时间、任务，确保按时按质履行猎头协议。

客户通常是不直接参与猎头实际操作的。一些欧美猎头公司鼓励重点客户在体验式猎头过程中，以观察员的身份进行监督和跟踪。如发现猎头经理、顾问的实际操作行为违反猎头协议时，有权提醒并要求及时更正。

在搜寻计划、候选人筛选、人才测评等阶段，体验式猎头机制可能促成双方迅速取得一致意见，并付之实施。猎头软件通过设置阶段性的标记，如“笑脸”、“握手”等标志，确认阶段性成果的完成。而阶段性成果的不断累积，客观上加速了猎头行动的时效性，提高了猎头计划的工作效率。同时，也确保了猎头公司科学而规范地履行协议，从而有效释放了猎头行动失败风险的集中型爆发。

体验式猎头真实体现了猎头公司的行业本义。即以客户为中心，随时随地提供高端人才的搜寻服务。猎头公司适度展示搜寻技能、增加行业透明度，能够巩固客户忠诚度、拉紧企业利益关联。还能够根据客户的实际需求，具体问题具体分析，制定出更有针对性、更切实可行的个性化产品、服务和解决方案，从而以精细化、灵活性、实用性的优势，获取重点客户赏识与青睐。

重点客户是猎头公司的利润生长点和支撑点。深入挖掘重点客户市场资源，向来是猎头公司的首选目标。体验式猎头可以让客户清晰地参与猎头公司的技术运作，也能够及时了解几乎每个候选人的基本情况。猎头实战中，以招揽高级人才为己任的重点客户经常会临时增加新职位和新岗位，以便猎取猎头公司提供的、猎头协议以外的优秀候选人。而猎头公司的候选人资源得以充分利用，最大限度地提升了公司资源的市场化程度。从而获取了更多的边际利润。

猎头服务具有较强的替代性和更新率。重点客户在选择服务品牌或供应商时，经常受到转移成本和延迟利益的双重限制。体验式猎头通过契约关系锁定客户，鼓励重点客户的重复购买、捆绑式销售策略等市场化的技术手段，无形中提高了重点客户的转移成本，增强了重点客户对现有猎头公司的业务和心理依赖。除非出现更加强劲的竞争对手、更加低廉的猎头成本，重点客户一般会长期雇佣一家猎头公司，以减少不必要的替换成本和时间。

中小型猎头公司所依赖的人才信息资源，通常是市场售卖的重要来源。而建立在雄厚的人才资源、流畅的日常管理和齐全完整的测评手段等基础条件上的体验式猎头，几乎让客户免费得到了相当数量的候选人资料。这无疑加剧了猎头市场的层次分化，形成了带有浓厚自然垄断性质的猎头市场。如猎头行业遵循的“三挑一”原则，将不可避免地受到冲击。一度流行的“五挑一”规则，客观上增加了中小型猎头公司的运营成本。与此同时，巨大的市场竞争压力迫使后者不得不主动放弃先前占据的市场份额，选择新的经营途径和盈利模式。

综上所述，在以客户为中心的时代，体验式猎头是猎头公司基于改良行业规则、市场竞争预期和转化盈利模式等多重因素的复合推动，对经营管理流程重新设计、改选和优化的必要结果，也是不断加强自身技能、增加边际效益的市场驱动所致。作为一种新型的猎头运营模式，体验式猎头的市场认同、盈利定位、同行业心理容纳等，仍然需要市场和时间的双重考量和验证。

第二章 什么样的猎物才能入猎头的法眼

1. 英语成为猎物的金牌标志

英语是当今世界上主要的国际通用语言这一，也是世界上最广泛使用的语言。据1986年的统计，世界上以英语为母语的人近4亿，差不多每十个人中就有一个人讲英语。英国、美国、加拿大、澳大利亚、新西兰等国家的人都讲英语。世界上约有20个国家把英语作为官方语言或第二语言使用，共计约有8亿人。也就是说，世界上差不多每五个人中有一个人至少在一定程度上懂英语。若加了世界各国中小学生学习英语的人数，懂英语的人就更多了。

英语的使用范围非常非常广泛。世界上70%以上的邮件是用英文写或用英文写地址的。全世界的广播节目中，有60%是用英语进行的。国际上的资料绝大部分是用英语发表的。绝大部分的国际会议是以英语为第一通用语言，它也是联合国的正式工作语言之一。

总之，在国际政治、军事、经济、科技、文化、贸易、交通运输等领域，英语是一个重要的交际工具。随着我国对外开放的不断扩大化，科学技术的不断进步，国际地位的不断提高，迫切需要造就一大批精通外语的专门人才，以加速我国“四化”进程，使我国在国际事务中发挥更大更积极的作用。因此，学好英语对实现上述目标具有重要大的现实意义和深远的历史意义。

我们需要学习别人的先进技术中国在近几十年的确发生了翻天覆地的变化，各方面都发展得很快。但是，不容置疑的是，我们在很多技术方面仍然落后于西方先进国家。要发展，要进步，要在较短的时间内掌握各种技术，我们不可能单靠自己搞研究，必须学习别人先进的技术。而学习的必要前提便是要掌握世界通用技术交流语言，我们的工具--英语。

就计算机程序开发为例：虽然目前的计算机操作系统已经有中文版，但要进行应用程序开发，程序还是用英语编写的。高新技术资料大部分都是以英语编写。印度虽然在很多方面的发展比不上中国，但印度的软件开发业却比中国发达很多。造成这种差距，其中一个重要原因就是印度程序员普遍英语应用水平比中国程序员高。

与世界各国合作需要英语我们在学习别人先进技术，经验的同时，也需要与世界各国展开各种技术上和经济上的合作。如果不懂英语，便无法与合作方沟通交流，也更谈不上合作了。譬如某公司开发了一个具有世界水平的产品，如果能打开国际市场，前途将是一片光明。但偏偏公司人员不懂英语，无法很好地与国外客户沟通，无法将产品的优良性能展示出来，这将是一个惨重的损失。

全球化的时代已经来临，贸易往来，资讯传递，文化交流……更是任何国家赖以生存的不二法门。因此，迈向国际化才是现代人的生存之道。想要出人头地，就必须具有国际观，并且具有口语的沟通能力，才是明智之举。所以学好英语才有资格踏入国际的世界。

想要成为猎头的捕猎的目标，英语就更显得必不可缺。可以说，英语已经成为猎物的金牌标志。

小周毕业后一直再苏州工作，先在一家台企，工作四年后没有什么发展机会，又跳到一家美资企业。工作到现在也没有想象中的那么好，人际关系复杂，利益冲突明显，公司文化很不好。

上周有一家猎头公司的人打电话给小周，提供一个500强公司的PE职位，说公司的文化很好，口碑不错，人员流动小。小周将简历寄出后，就收到了面试。面试官是陕西人，个子不高，胖胖的(其实对女性应该说是丰满才对)，人很客气和直爽。了解过小周的情况后，小周用英语介绍了一下自己的情况，因为平时口语练得少，尽管能表达大意，但是表达得比较随意，逻辑性比较差。然后面试官告诉了小周她对英语表达的建议：和老外沟通，多用短句(和国内人沟通的英语反而复杂些)；逻辑要清晰，尽量想好再说；不能着急，语速可以慢些，不要有太多停顿，连贯最好。面试官还说在他们的职位中很多对英语有比较高的要求，英语好和英语一般的人在薪水方面会差好多，所以有机会要多练，最好有个老外朋友或参加口语班。

其实很多人和小周一样都知道英语的重要性，可是学校的英语学了这么多年还是不能很好实际应用。

那么我们到底要如何才能学好英文呢？

一、学好英文必须静下心来，日积月累，切不可急功近利。

我们必须静下心来，从一词一句开始积累，多听、多说、多读，长年坚持，必有收获。因为学习外语的时间和对其掌握的熟练程度成正比，也可以说任何一门外语听说读写译的熟练运用都是工夫堆积起来的。英语中有个谚语：Rome was not built in a day.说的就是这个道理。

二、学好英文必须培养对它的兴趣，从而树立信心。

“兴趣是最好的老师”这句话放到英语学习上是千真万确。这种兴趣如何培养？首先我们必须承认，英语是世界上最优美的语言之一，平时在学习英语的时候要多注意她的优美之处、合理之处、生动之处，不能总盯着她让你觉得别扭的地方，你觉得不好理解的地方。换一种角度看问题往往可以彻底改变你对一件事物的看法。除此之外，我们还可以平时多读一些英语的笑话或幽默小品，在捧腹大笑中领略英语的生动、幽默和妙趣横生，无形中便会逐渐喜欢这种语言，久而久之，越喜欢越爱学，越爱学越喜欢，很快就可以形成良性循环。人到了这种状态，能熟练掌握这种语言便指日可待了。

三、制定详尽的学习计划，帮助自己克服懒惰性。

真正想把英语学好，应当制定一个详尽的学习计划，这个计划应分为长期的和阶段性两部分。长期计划可以给自己树立一个目标，要努力去争取实现。阶段性计划在完成后可以使我们不断的获得成就感，这种成就感可以鞭策我们朝着长期目标继续努力。

四、根据实际应用需要学习。

既然我们先前讨论过英语实际上只是一门工具而已，那么，在学习之前，我们首先要清楚了解自己学习英语的目的--是文学创作，还是某项实际工作需要？相信大部分人都是因为工作需要而学习英语，那么英语只是一个让我们可以与西方国家交流，学习西方先进技术的工具。

以往中国的英语教育以阅读大量文学作品为主，但实际上这种做法对与英语初学者来说弊大于利。例如一个空中小姐，她所需要掌握的只是口头上询问客人需要什么，或者报告当地天气等简单信息。阅读文学作品可以说对她的工作毫无帮助。

我们学习英语之前应该反复强调把英语作为一门工具，并且要清楚知道我们究竟需要用这门工具来干什么。根据具体的需要来决定学习的内容和方法。如果您的职业是空中小姐，那么很明显，您并不需要看懂莎士比亚的著作。

新东方的某个明星教师就曾以全英文的方式表达了英语还是一种生活方式的观点——一个人如果能在高雅的场合下用流利的英语与人交流，从某种程度上而言代表其受到的良好教育和修养。这是很COOL的一种MANNER。如果一个人在学英语时能认清自己和地道英语的差距，并根据情况加以弥补，而不是乱学，那么定能把英语学好。

2. 出类拔萃，你最好的广告

丛林里，其中一棵树长得比其他同类高大，就可以说这棵树出类拔萃；山岳在群山中显得高峻突出，这也算是出类拔萃。人群里，才华出众，优点很多，不同于一般的人，也是出类拔萃。

人都希望自己能出类拔萃，受人赏识。人要具备怎样的条件，才算出类拔萃呢？

一、仪表不凡。佛教里，佛陀有“三十二相，八十种好”，这就是仪表不凡。现代人说某人身高七尺，五官端正，英俊潇洒，长得仪表不凡，用通俗的话说就是俊男，或是帅哥，都是仪表不凡。当然，也有些人“金玉其外，败絮其中”，徒有外貌仪表。假如里外一如，不但相貌堂堂，尤其脑筋清楚、思想周全，才算名副其实。今人每说到关云长，就觉得他有英雄气概；说到李世民，就称赞他是标准的帝王，应该说他们都是仪表不凡，所以出类拔萃。

二、智慧超群。在一个公司里，某人特别有办法，再困难的事到他面前都能迎刃而解，大家就称赞他智慧超群；因为他的巧思过人，这就是出类拔萃。庄子虽然官卑职小，不获重用于当时，但是他对人生的思想豁达远大，他就是智慧超群。孔子曾自谦“吾不如老农，吾不如老圃”，因为他的谦卑，更显出他智慧超群。在佛教里，阿难尊者能把佛陀数十年的说法背诵出来，供大众结集佛陀的言行，所谓“佛法如大海，流入阿难心”，这当然也是智慧超群。现代世界上有很多过目不忘、辩才无碍的人，他们都可以说是智慧超群、出类拔萃的人了。

三、胆识过人。所谓胆识，就是不光有胆量，还要有见识；胆识具备，才能称为出类拔萃。像完璧归赵的蔺相如就是胆识过人，像不辱使命的晏婴就是胆识过人。晏婴代表齐国出使楚国，他不因自己身躯矮小而有辱大国风仪，严词拒绝从小门进入，并且机智勇敢地发表一席谈话，终让存心羞辱他的楚国不得不开大门迎接，他就因为胆识过人而能出类拔萃。

自古以来，多少人从败中反胜，转危为安，化险为夷，都是靠过人的胆识。我们翻开历史，有胆识的人战无不胜，攻无不克；反之，一些没有胆识的人，只靠匹夫之勇，甚至胆小如鼠，以致每役必败，这就不是没有原因的了。

四、宽宏大量。世上的英雄俊杰所以成功，都有一个共同的特点，就是心量宽大。像汉高祖刘邦重用萧何、韩信、张良，他说：“制定领军政策、法律条文，用以安邦定国，吾不如萧何；领兵征战，以少胜多，不畏艰难，吾不如韩信；出谋擘画，运筹帷幄，决战于千里之外，吾不如张良。”因为刘邦能容人，故有大汉江山。所以，一个人度量有多大，成就就有多大，唯有宽宏大量、气度恢弘的人才能出类拔萃。

一个人要出类拔萃，必须从小养成“接受”的习惯，一味地“我想”、“我愿”、“我要”、“我觉得”、“我认为”、“我喜欢”等等，可能是原动力，也可能是进步的阻力。俗话说：“人往高处走，水往低处流。”凡是有志气的人都会想往高处爬，但是只有人才，才会以实际的行动，让自己出类拔萃、爬向高处。

想要出类拔萃，证明自己是个人才，就得努力，提升自我的竞争力，毕竟成功是要付出代价的，没做努力，就只能在原地踏步，苟延残喘谋生。

人是否是人才，在于自己是否“用心、用能与用智”，要肯定自己是人才，也得接受雇主、职场与社会的评判，决定是否“雇用、爱用与受用”。自我之用取决于自身的能力、智慧与观念，为人所用与否，则由选用自我能力的雇主和受益于自己的社会大众选择认定。

当老板者，除了自为雇主雇用自己和他人，也让社会大众作为雇主，以是否做交易来取舍自己的商品和服务。自我的商品和服务，是否被用、爱用与受用，更受自己所雇用员工的影响，反映于自己是否用心、用能与用智。

于批判的环境下或以自负的心态成长者，在阅读书本或文章，或听闻话语或演讲时，习惯于从别人的文词或语言的疏漏中找错误，观念上以能批评或挑剔对方的不是而得意，却蒙昧筛选信息与见解的智能，也失去用人之智的能力。能用心的出类拔萃者，会将别人的见解吸收为自我的知识，把别人的无知或失误转化为自我的警惕，更吸取别人的经验作为自我的见识。

而能用智的出类拔萃者，除了善用自我之能与智，以提高自我的工作效益与效率，也会借重他人的经验，善用他人的智慧，以减少自我工作的负荷，扩大工作的成果，更能将别人的心得与建议，转化为自我的见识与策略，再投入实际的行动，让行动创造更具卓越的成果。

我们应该具个人的特色，依赖各人自身的天赋、品性和历练，在工作中实践。

四、用智取得优胜。把心与智融入能力，将自身能力包括天赋、历练、品性等特色结合工作，这会从行为与态度上去显示用心的功效；把经理能力包括领导、经营、管理、应变、企划与决策等融入工作，我们又会看到，用智的成果和实质的功效。一九九〇年十月，我重回美商公司任职，立即面对的挑战是如何振兴系列硅化学品业务。硅整泡剂是其中最具关键的一项，该公司的L-540是世界级的领导品牌，在台湾的销售，分为直销（Indent Sales）和经销（或现货销售Stock Sales）两条通路。

配合不同通路，该公司采取二价策略，台湾分公司现货销售的进价，相同于直接用户的进价，因此直销价与经销价相差达三成。某些无经销权的商人，就私自从美国市场搜购现货，运回台湾转售图利。更让人气馁的是，直接用户也将低价的进货流出市面，分享利润。其实L-540并非孤门独项，尚有其他的竞争者，主要来自美国的DC-192，该产品浓度较高，添加量只需L-540的九成，而现货的售价反比L-540低一成，正在努力促销，想要超越L-540的销售。台湾分公司和经销商在三面夹攻下，现货市场占有率仅达35%。

当年十一月，新加坡主管来到台湾，竟要求再将进价提高10%，并宣布自次月一日起，将零售价再做提高。于是L-540的现货市场占有率一路下滑，十二月降为28%，一月降为21%，二月为15%，到了三月竟然拿不到订单。遭到这样困境，三月中新加坡主管再次来台，研讨如何挽回失去的生意。经销商把注意力摆在DC-192 和另一家德国竞争者身上，建议不但不要提高售价，还要比原先价格再下降10%，以求收回市场，新加坡主管也同意这个建议。然而我感觉策略有误，于是提出修正意见，没有涨价也不做降价，只把进口模式和营销策略做修改，半年后我们不但收回市场，市场占有率最后还高达70%，且直到这项事业转售给其他企业，还维持如此地位，有了这类成果，三年后我被选为台湾分公司负责人。

五、谦卑让你以出类拔萃。中华传统文化遵循的是“谦虚谨慎、戒骄戒躁”的谦卑原则，但却以“人怕出名、猪怕壮”的俗语消磨人们的成功欲望，更以“枪打出头鸟”来威吓那些出类拔萃者的进取心。其实谦卑并不需要以消灭出类拔萃为代价。谦卑应该是帮助你最后达到出类拔萃的目的。

为什么要讲谦卑呢？精神分析学家阿德勒认为，人不管在什么状态下，内心深处都是自卑的。人对成功的追求其实就是希望通过成功来不断消除内心的自卑感。但在这个过程中有些人因为不断地失败而变得极度自卑，最后患上“自卑情结”；也有人走向另一极，通过对成功不择手段地追求而变得极度自信，但这种被称为“优越情结”的状态其实只是对内心自卑的掩饰。极度自卑自然不妥，但适度的自卑却能够给人带来行动的勇气和动力。

追求出类拔萃，也是追求某种意义的成功。人们在对成功的追求中有两个行为维度：活动性和社会兴趣。高活动性-低社会兴趣的人是冷漠的成功者，低活动性-高社会兴趣的人是好心的平常人，低活动性-低社会兴趣的人是忧郁的失败者，只有高活动性-高社会兴趣的人才是热心的成功者。

活动性是成功的物化标准，社会兴趣则是成功的人性标准。出类拔萃是从活动性来说的，许多影视大腕傲慢自负的做法就是建立在对成功的物化标准的片面理解上。但真正的成功必须要加上社会兴趣这样的人性标准，而在和人的交往中，人性平等和互相尊重的态度是决定社会兴趣是否成功的标志。因而，只有谦卑和有爱心的人，才可能在社会兴趣上取得成功。

所谓谦卑地出类拔萃，讲的是在对目标的追求中要竭尽所能地达到出类拔萃的地步，但同时在自我心态、人际关系、社会兴趣这些人性的领域应该保持一颗谦卑的心。

只要用这样的两分法来评判目前社会上那些出类拔萃者，我们就很容易发现那些在人性上冷漠傲慢的成功者很容易遭受人们的冷眼及突然的失败，而那些在人性上表现出谦卑和爱心的成功者则得到人们加倍的尊敬和爱戴，并因此获得持续不断的成功。

在工作中出类拔萃的代表是：友善的，快速的，高效的，渴望让人愉快的，有知识的，乐观的，勤勉的，能理解客户要求的，专注的，提供有创造性帮助的，为客户着想的，泰然自若的，欢快的，诚实公正的，解决问题导向的。

这些代表总是专注地倾听，保持积极的姿态，讲话清楚，避免技术术语和不切实际地胡编滥造，让客户对他们，他们提供的信息和公司产生信任，让每个客户感觉自己很重要，平息怒火。

3. 做一名“抛砖”高手

抛砖引玉是生活中常见的一个成语，所谓“砖”是指价值低的东西，而“玉”则代表了价高质优。人们常常在提出自己的观点时，说自己的话是抛砖引玉，意思就是自己的看法很粗浅，希望可以有更好的观点和建议提出来。作为计谋，抛砖引玉是以小额代价获取高额回报的智慧典范，乔良教授认为抛砖引玉一计，它的关键就在于制造一种假象，使对手以为我方手里的“砖”有着重要的作用，从而引出对方价高质优的“玉”。那么，我们应该如何“抛砖”才能引出来价值连城的玉呢？这一词出自于一个什么样的典故呢？

唐代有一个诗人叫常建。他居住在苏州的时候，有一天听说另外一个他仰慕已久的，叫赵嘏的诗人要到苏州来玩。他很想见见他，很想会会他，但是又不好意思。他觉得这个人来了，他怎么也应该让他，在苏州这个地方留下点什么，而且他知道，他要来一定会去游苏州的灵岩寺，那是一个很有名的所在。他想了一个办法，什么办法呢？他说我应该写半首诗，把它写在灵岩寺的墙上，写在墙上以后，赵嘏来了以后，一定会看到它，看到它就有可能把后半首诗给它补齐。

抛砖引玉还被三十六计的作者变成了一个计谋，放在了三十六计里头，而且放在它的第三个套盒里，第五条计，总计第17计，抛砖引玉。

三十六计共分六套战略，分别是胜战计、敌战计、攻战计、混战计、并站计和败战计。而抛砖引玉一计处于第三套战略—攻战计之中，攻战计的核心为“攻心为上，攻城为下”，也就是说避免正面硬拼的方式，而采用智慧获胜。

那么在职场里，我们该怎么运用它呢？

春节刚过，小王便早早地从家乡赶回广州，开始准备新一年的工作。

小李是某病毒防火墙X公司的销售经理。今年公司给每个人的销售任务都比去年有所增加，小王身上的压力也更大了。去年在政府行业小王中了几个标，知名度也打开了，今年政府行业的单子应该问题不大。另外小王还想开拓教育行业市场，不过还不知道从什么地方下手。

3 月的第一周，学校刚刚开学，小王就接到了一个代理商的电话。代理商老李说广州某知名高校今年准备进行网络的升级和改造，病毒防火墙就是其中的一项。小王一听不禁喜上眉梢，这岂不是打入教育行业的一个大好机会。放下电话，小王直奔代理商老李而去。

到了老李那里，小王才知道事情没那么简单。老李说这个用户对产品的质量和性能要求都十分高，而且目前已经有几家国外知名病毒防火墙厂商介入这个单子，竞争可以说十分激烈。小王对自己公司的产品还是十分有信心的，不过因为之前在教育行业的成功案例很少，这可能是自己公司产品的一个劣势。

第二天，小王先同用户方的负责人通了电话，约好了上门拜访的时间。下午，小王和老李来到了A大学。和用户一交谈，用户果然对小王公司产品在教育行业的成功案例太少提出了质疑，虽然小王竭尽所能，舌灿莲花，依然未能完全打消用户的疑虑。

回到公司后，小王把情况向公司老总做了汇报。经过全面的分析和对比，得出的结论是如果按正常的渠道参加投标，X公司中标的机会很渺茫。但X公司实在不想失去这个进入教育行业市场的大好机会，最后小王的老总拍板决定将病毒防火墙免费送给X大学使用。

虽然X公司决定把防火墙赠送给A大学，但对方起初却婉然谢绝了。最后经过一段时间的公关，大学终于同意接受X公司赠送的防火墙，但A大学对X公司的产品并不是很放心，还是通过招标购买了某国际厂商的防火墙。A大学的主干网络使用的是国际厂商的防火墙，而X公司的病毒防火墙被送到A大学的一个分院使用。

半年之后，一场席卷全球的震荡波病毒风暴大规模的爆发了。教育行业的很多学校都成为了这场病毒风暴的受害者，很多学校的网络都处于瘫痪之中。虽然安装了国际厂商的防火墙，A大学也未能在这次病毒风暴中幸免于难。原来该国际厂商将产品卖给A大学后，半年内都没有上门做升级和更新服务，导致该病毒防火墙对震荡拨病毒没有任何防御作用。

不过A大学的分院却安然无恙，因为就在震荡波病毒爆发的前两天，小王公司的技术人员专程上门为A大学进行了防火墙的更新，对震荡波的病毒的爆发已经早有预防了。经过震荡波病毒的考验，X 公司的防火墙无论是在服务和产品质量方面都得到了X大学的高度评价，并决定一次性购买多台X公司的防火墙。而后，在一次教育行业的信息化交流会上，X大学信息化方面的负责人作为使用者向其他学校大力推荐X公司的防火墙产品。而其他学校也对X公司产品在震荡波病毒爆发期间的表现早有耳闻，纷纷决定购买其防火墙。由此，X公司在教育行业成功的打开了销路。

“抛砖引玉”在职场中虽然和“打草惊蛇”有相似之处，但是作为一种职场谋略，绝不能像“打草惊蛇”那样轻率表现，而是以小利谋大利的谋取术。砖抛出来，专等玉来，玉不来，则使用各种手段，或巧取，或诱取，或强取。寓言《黔驴技穷》中的老虎，就是运用“抛砖引玉”的高手。

在现代职场中，对“抛砖引玉”的应用，真是五花八门，说话、办事、交友等等都用得到，但用人单位使用的频率与个体要高的多，所以提醒要你注意的是，平时擦亮眼睛，分清主次，以免上当。综合各地招聘广告，给安家费、科研费或者安排家属工作等等，已成为当前用人单位招聘人才屡见不鲜的手段。说白了，这目的就是以小甜头或小恩小惠吸引人才的注意力。作为一个名副其实的人才，是万万不能因为这些额外的东西就糊里糊涂地把自己的终身捆到用人单位那里的。在抵御诱惑、坚定立场的前提下，用人单位承诺的有关优惠条件，最好有书面详细的条款，我的一位硕士研究生的亲戚按报纸招聘到南方某科研机构，当时答应负责给他妻子安排工作，至于安排什么工作却没有说，他便匆匆与用人单位签定了合同，结果他妻子在他工作近一年，且不断督促下，才勉强到一家企业的服务公司工作。提起这事，他还有种上当的感觉。

有时侯，用人单位抛出的也不尽是“砖”，比如有单位承诺安排子女上学，对一个人来说，后代的教育和自己的工作同样重要，那应聘时更得要在文字合同中明确自己应得的权益。

4. 多面手，左右逢源的法宝

“品德好，有3年以上中型企业管理经验，熟悉生产流程，有很强的组织协调能力。有挑战精神，目标性强……”烟台市一家企业求“生产厂长”开出的月薪是2万元，但这个岗位“求”了2个月，仍然没能猎取到合适的人才。“事实上，生产厂长绝对不仅仅是研究怎么去抓生产，他要做的还要抓人，抓到人、抓住人。”莱山区某一外资企业甚至开出了20万元年薪，最基本的条件是：“懂生产，懂财务，有跨国工作经验。男性，40岁以下。对税务、政府等部门有人脉，能够解决一些问题。”

“能够用流利的英语向外方总经理汇报，每隔一两个星期就要来一次跨国的电话会议。”某澳大利亚企业不仅要求自己的财务总监具有注册会计师资格，还有效控制公司财务的合法化、报表设置合理性及准确及时性、现金流的安全性、赢利模式的稳定性、预算执行等环节。

据开发区某猎头公司郭立华介绍：“到了年薪过10万这一层，硬件条件首当其冲。当然，要求高也符合条件的人才特别少，有些企业希望一个人能够解决很多遗留的问题。企业快速发展，高端人才的供给量跟不上，在烟台，某些高端岗位就显示出人才的‘稀缺’状态。其实多少年薪对企业来讲并不重要，重要的是这个人能给企业带来多少效益。真正有能力的人才的年薪是‘上不封顶’的。”

我们常常在职场上看到这样一群人，他们和不少领导的关系融洽，是领导们推心置腹的对象。当职场菜鸟们在存有芥蒂的领导之间左右为难，不知如何是好的时候，他们却仍旧可以左右逢源。

这些人往往是同事羡慕或嫉妒的对象，因为在大家的印象中，和众多领导都能处好关系的职场老手，“抗风险”的能力就强。可不是，万一哪个领导“下了马”，还有其他的领导做他的靠山，跟错了人、赌错了局这种情况永远和他们绝缘。

不过，尽管“左右逢源”是一种高水准的职场生存技巧，但是学会了它真的可以一劳永逸吗？如意算盘是不是也有打错的时候？

在职场混迹多年的大刘很郁闷，“上头的关系打点得这么好，为什么升职的好事就没有我的份。”大刘实在想不通。

事情是这样的，大刘上头的总经理因为年事已高，退居二线。接替总经理位置的，是原来的一位副总。

新官上任，第一件事自然是走马换将。可不是，不到一个月的时间，公司里各个部门的中层开始大换血，一个月下来，已经换了十几个干部。

在这些被提拔的干部中，有的是和原来的总经理关系不错的，也有和现在的那位关系不错，也有和两位的关系都比较一般的，但是偏偏是和两位“大人”关系都不错的大刘，还是原地不动。

在职场上，大刘算得上是个既有能力又有心计的人。公司的人都知道，老总经理和副总之间的关系比较微妙，但是在大刘的“斡旋”之下，表面上看，两位领导和大刘的关系都挺不错的。大刘也频频在自己的亲朋好友前夸耀自己“左右逢源”的功夫。大家也挺看好大刘的，觉得以后不管谁上谁下，大刘总能谋到一官半职。

没想到的是，到最后，和两位领导都处得很好的大刘，即没有等到老领导的重用，也没有受到新上司的赏识。竹篮打水一场空，大刘只能独自黯然神伤了。

关于大刘的遭遇，网友们提出了分析意见。网友安娜说，这个有点像年轻人找对象。比如一个小伙同时看上两个姑娘，而且两个姑娘也对他不错，但是小伙子再有本事，也不可能同时和两个姑娘都发展关系，就算短时间可以，也有东窗事发的时候。

“一个男人一辈子可以喜欢无数个女孩子，但绝不可以同时喜欢两个以上女孩子。职场中的忠诚也是一样的道理，一个下属一生中可能对无数上司表示出无限忠诚，但在一个时段，下属的忠诚是不可以让两个以上的上司分享的。”

网友Terry则认为，不妨换位思考一下这个问题。“虽然我没当过领导，但是可以想像一下，如果是一个明智的领导，看到自己的下属和自己的对手关系也不错，可能会不太乐意，对这个下属也不会放心，自然不会将其列入自己的心腹。”

人际交往本来就有代价你不可能让所有人都喜欢你。国家二级心理咨询师丁雷认为，人际交往是要付出代价的，你选择和这个人打交道或者合作的时候，必然会失去另一部分人的支持。

丁雷说，人际关系心理学在谈到人与人之间的合作与冲突的问题时，有一个著名的理论叫做社会交换理论，用来解释人际交互作用的原因。这个理论认为，每次人们打交道时，必须付出某些代价，也获得一定的奖励。互相作用的结果可以用这样一个公式来表示：结果=奖励-代价。因此，一个人可以考察他所获得的结果从而决定交往会延续多久以及令人满意的程度。

这个理论是简单的，直接的，带有很浓的商品经济的色彩，但在某种程度上是有用的！我们为什么会有竞争甚至冲突，那是因为资源的稀缺，当你选择追随某位领导，或者和某些同事合作的时候，你难免会遇到要以失去另一群人的支持作为代价。

只有变化才是永恒的不变！人与人之间的关系也是如此。我们经常会有很多困惑，其实这些困惑并不只是由某个客观事件造成的，而是我们对这件事情的评估和理解造成的。

职场中矛盾冲突必然是难免的，而如果我们把这种冲突想得过于糟糕导致自己情绪很消极，那才是真正糟糕的事，因此我们都要有一个积极的心态面对我们遇到的每一件事情，接纳并处理好职场中复杂的人际关系。

丁雷说，中国人很强调人缘，人生何处不相逢，广结善缘道路无限宽广。没有好的人缘，我们将会失去很多机会，做事情也会绕很多弯路。

我们经常提到“左右逢源”这个词，“左右逢源”最早见于《孟子·离娄下》，本义为“资之深，则取之左右逢其原”。是说功夫到家后，就会用之不尽，取之不竭，比喻做事得心应手，顺利无碍。我们现在往往用“左右逢源”来形容一个人在人际关系上八面玲珑，还可引申指这个人圆滑事故。

而“从一而终”呢，原指丈夫死了不再嫁人，这是旧时束缚妇女的封建礼教，随着时代的变迁，这种观念自然是淡了。然而在职场上，忠诚度仍然是被放在很高的位置上，有人提出忠诚重于能力，忠诚被认为是第一职业素养。

那么在职场人际关系中，“左右逢源”和“从一而终”这两者互相矛盾吗？当你追随了一位领导之后，就一定要排挤另外的领导及其下属吗？

中国古代儒家所提倡的“中庸”，“不偏之谓中；不易之谓庸。中者，天下之正道。庸者，天下之定理。”也就是要不偏不倚，不温不火，把握两端，不走极端。不偏不倚，不是要你做两面派，企业内部难免出现多头领导的事情，领导之间也难免出现分歧，所谓中庸，是当你权衡个人和企业的利弊之后，考虑听哪位领导的指示，而对你将违背其意愿的领导，你又能非常坦诚、礼貌地拒绝，并说明理由。

我们在职场中，一部分是做事，一部分是做人，虽然在做人方面，职场“菜鸟”们比不过有经验的前辈，但是你可以在做事上多努力一些，不管哪位领导，都是喜欢踏实肯干的下属的，只要你实干，甚至能在你所处的行业成为专家，总会有领导欣赏你，即使这位领导退了，或者离职了，也会有新的领导赏识你并且重用你。

所以，要认认真真做事，真真诚诚待人。

5. 未雨绸缪，提前为未来作准备

每一个人都有自己的雄心壮志，都渴望着成功的到来。但是，能力和努力在现代职场的竞争中，越来越显得渺弱无力，而埋头苦干更是如同一个职场“植物人”，这是一个残酷的现实。要想成功，就要善于为成功铺路，在未进职场之前做好自己的职场定位，未雨绸缪，给未来的成功添砖加瓦。

“未雨绸缪”出自于《诗经豳风鸱号》：“迨天之未阴雨，彻彼桑土，绸缪牖户。”

清代朱用纯《治家格言》：“宜未雨而绸缪，毋临渴而掘井。”意思是趁着天没下雨，先修缮房屋门窗。比喻事先作准备。

“武王灭纣后，封管叔、蔡叔及霍叔於商都近郊，以监视殷遗民，号三监。武王薨，成王年幼继位，由叔父周公辅政，致三监不满。管叔等散布流言，谓周公将不利于成王。周公为避嫌疑，远离京城，迁居洛邑。不久，管叔等人与殷纣王之子武庚勾结行叛。周公乃奉成王命，兴师东伐，诛管叔、杀武庚、放蔡叔，收殷余民。周公平乱后，遂写一首《鸱鸮》诗与成王。其诗曰：“趁天未下雨，急剥桑皮，拌以泥灰，以缚门窗。汝居下者，敢欺我哉？”周公诗有讽谏之意，望成王及时制定措施，以止叛乱阴谋。成王虽心中不满，然未敢责之。

现实生活中，我们做的很多事情都是未雨绸缪、防患于未然的工作。今天的事情尚未做完，明天的打算、后天的安排、下月的计划，甚至下一年、未来几年、几十年的长期规划就酝酿和谋划了。秋收冬藏、积谷防饥。

大多数国民秉承着勤俭持家的态度，常将有日思无日，莫将无时当有时。可以说勤劳、俭朴是中华民族的传统美德。勤劳是为了增加生产资料和生活资料，俭朴是为了减少物质财富的浪费和消耗，这样收入总是多于支出，人们的生活才会逐渐充实、富裕起来。不能说中国人的勤俭持家才是绝对正确的消费观（因为在一定程度上减缓了经济的发展速度），但金融危机后，一些西方人对中国人的消费观推崇备至，因为他们尝到了“寅吃卯粮”的苦头。

西方人似乎没有存钱的习惯，为了满足强烈的自我享受需要，他们拼命地挣钱然后疯狂地享乐。超前消费，贷款消费的结果是个人债台高筑，并由此引发一系列的社会问题。想通过刺激和扩大消费来促进生产的不断增长，想法是不错的，但凡事都应有一个“度”，对于经济收入不是持久稳定的消费者来说，还不要掏光自己的口袋为妙。作为中低收入者和没有工作保证的人说，简直就是自杀。

随着经济发展的加快，社会各阶层的贫富差距拉大的速度也会随之加快。一方面，社会最底层的穷困人口在生与死之间挣扎；另一方面，中国却成为世界最大的奢侈品消费市场之一。上海的一套房子卖到了1.5亿元的天价，40多万元一桌的黄金宴也在西安和深圳、广州纷纷登场。标价1188万的宾利轿车，在中国的销量居世界第一。世界任何品牌的名烟、名表、名酒、名牌服装、名车、名牌化妆品和高档珠宝钻翠在中国的销路都极好。从基尼系数看，我国贫富差距正在逼近社会容忍的“红线”。国家发改委宏观经济研究院教授常修泽介绍，对我国的基尼系数目前各机构认识不一，被学界普遍认可的是世界银行测算的0.47。我国基尼系数在10年前越过0.4的国际公认警戒线后仍在逐年攀升，贫富差距已突破合理界限。为了调节和逐步消除地区差异、城乡差异，逐渐缩小贫富差距，维护社会稳定。

近年来，国家出台一系列有针对性政策措施，如西部大开发战略、中部崛起战略、东部发展战略、振兴东北老工业基地，建设社会主义新农村，实现城乡一体化，加快财税体制改革步伐，抓紧出台收入分配制度改革新政策等等。这些政策的出台，会在不同程度上解决政府与企业之间的分配不合理、企业内部分配不合理、行业之间的分配不合理、国有企业与非国有企业之间分配不合理，中低收入阶层收入增长没有保障等问题。

科学发展观对缩小贫富差距具有直接的指导意义：完善社会主义市场经济体制与缩小贫富差距联系起来要以“公平要求后置”的模式和“充实中间，管好两边”的思路来缩小贫富差距。和谐社会的基础就是利益均衡，缩小贫富差距会解决绝大多数社会矛盾问题，是促进社会稳定的最关键性因素，是中国当前最重要的“未雨绸缪”工作。

现代职场上的大部分都是从学校走到社会上的。刚刚从学校毕业踏上社会的年轻人，面对环境的改变，都需要坚定的勇气和充实的能力去应对。而刚毕业的大学生都没有多少社会经验，这就更需要提前做好准备。一方面，要尽可能多的了解职场事情，另一方面，也是最重要，是要用各种知识充实自己的头脑，这样在职场人际和工作面前才能占优势。

郑盈从省城某高校大专中文系毕业后，被分配到县物资系统机电设备公司人秘科当了一名文书。郑盈在大学期间是校文学社领军人物，写得一手好散文。工作以后，她除了给单位写些新闻稿以外，更多地写起了新闻评论和杂文。两年后，她声名大噪，县检察院将她借调到政策研究室。

在县检察院，郑盈更是妙笔生花，单位新闻、调研论文、杂文、评论全面出击，几乎天天有文章见诸报刊，深得领导喜欢。但郑盈知道，自己只是“借调”，要想从企业跨进行政这个门槛可不是轻而易举的。于是，她除了拼命工作之外，又暗地里报考了成人法律本科。经过四年努力，郑盈终于取得了法律本科大学文凭。

这一年春天，全国举行国家公务员考试，郑盈参加了县里的招收公务员考试。该县正好招收一名法律专业的公务员，全县两人报考这个专业，结果郑盈考分高，理所当然过了关。不仅检察院要录取她，因为她经常给县审计局撰写文章，县审计局也向她抛出了“绣球”。最终这两家都未能如愿，郑盈被县委组织部半路“截”了去。

有人认为郑盈实在太幸运了。其实，未雨绸缪，积累本领才是郑盈的精明之处，这也是她赢得幸运之神微笑的奥秘。成功不是专门在职场路上等你，需要的是你自己的努力积累。

每一个人都有自己的雄心壮志，都渴望着成功的到来。但是，能力和努力在现代职场的竞争中，越来越显得渺弱无力，而埋头苦干更是如同一个职场“植物人”，这是一个残酷的现实。要想成功，就要善于为成功铺路，在未进职场之前做好自己的职场定位，未雨绸缪，给未来的成功添砖加瓦。

赵蕾是北京某著名高校的在读大学生，她和大多数同学一样，都来自农村，家庭经济条件并不很好。为了维持自己的学业，也为了攒够求学期间的生活费，减轻家里的经济负担，她希望自己能够一边学习，一边到外面找份临时或兼职工作，这样也可以使自己增加与社会接触的机会，从而丰富履历，增长见识，积累经验，方便毕业后找工作。

在她知道的打工同学当中，大部分人做的是家庭教师，也有很多人到饭店做杂工，其余的同学则做促销等等之类的工作，工作虽然艰辛，但收入也还可以。于是，赵蕾也就下定了决心，去向导师征求意见。导师听了她的话之后，说："你成绩很好，如果一定要去打工，就去那些世界跨国公司找机会，这样即便一时薪水很低，你自己节约一点也就可以了。但是，你要记着，自己一定不要随波逐流，去端盘子或是去做家教，不是说这些工作低贱，而是因为这些工作对你未来的发展没有帮助。"

现代职场上的大部分都是从学校走到社会上的。刚刚从学校毕业踏上社会的年轻人，面对环境的改变，都需要坚定的勇气和充实的能力去应对。而刚毕业的大学生都没有多少社会经验，这就更需要提前做好准备。一方面，要尽可能多的了解职场事情，另一方面，也是最重要，是要用各种知识充实自己的头脑，这样在职场人际和工作面前才能占优势。

不仅仅是刚刚毕业的学生，不少职场人士也该拥有未雨绸缪的智慧—职场上的危机和压力处处存在，为了在工作中更具竞争力，越来越多的白领及职场人士未雨绸缪、重新规划，选择重新"充电"。"长江后浪推前浪，前浪死在沙滩上"这句戏言时刻提醒着职场人要不断地自我增值。为了在职场上站的更高、更稳，众多职场人未雨绸缪，纷纷加入“充电”一族。

个人的能力与努力非常重要，要想实现自己的理想，就要不辞辛劳，奋力打拼，多准备几手，默默地在脚下垫一些“砖头”，提高自身，就一定能看到更远的风景，撷取那些挂得更高的果实。

第三章 猎与被猎，谁能笑到最后

1. 人才由猎头推荐的好处

多和猎头联系，有好处的。

不论是公司还是高级管理人才，多和猎头打交道是有好处的。在我看来，猎头并不只是一个中介机构，而且还承担了很多咨询功能。

公司和猎头打交道，可以了解同行业的薪资平均水平，有利于进行薪资政策调整，防止猎头以薪水为诱饵将自己的将才“挖”走，有时猎头还会为公司提供人力资源咨询，有利于加强人事管理。像最近一家公司招技术总监，开出20万年薪，要求有10年同行业技术经验，但该行业国内发展历史也就6~8年，相对而言，这个职位的要求就太苛刻了。我们就会提议，根据公司的需要做一些调整。

对个人来说，和猎头联系则能够随时了解外面的信息，主要有行业内消息、职业动态，碰到职业困惑时，猎头则是很好的职业生涯指导专家，可以随时请教，帮你解决问题；另外，猎头手里永远都会有好的职业机会，跟猎头保持密切接触，就等于比别人有了更多的选择机会啊。所以，对个人来说，不妨将自己的经历、职业取向等，整理成资料，交给猎头，进入猎头的后备人才资源库。但好的猎头会有庞大的人才库，像我们的人才库就有10万余人，而且我们每天接触的人很多，不可能对所有进入人才库的都会有印象。这就需要经常的联系。比如通知一下自己的工作调动，或者偶尔的电话、短信联系，都可以使猎头记起你。

猎头对优秀的人才特别敏感，同时也很注意从细节中考察人才的德行，谈话中的语速、眼神都会有可能被猎头“记录”下来。而猎头对“诚信”也特别关注，如果被发现简历作假，一般都不会被介绍进入企业候选档案。因此，与猎头联系，一定要注意，确保自己的诚信。

前几年公司刚成立，推广业务时，很多人对此不理解，甚至有人把“猎头”误看成“猪头”，这都让我们很尴尬，但现在有不少高端管理人才对和猎头接触已习以为常，更多人则把接到猎头的电话看成职业成功的表现之一。这说明，现在人们对猎头的接受程度已经比较高了。

1．严格为顶级人才的人事变动保密

高层人员人事变动将给企业带来巨大的影响，有的甚至会波及公司股票的涨幅，有时信息提前外泄，也会给本人带来很多不必要的麻烦。中服猎头将严格为高层人员的人事变动保密，对于候选的简历、过往经历等涉及隐私的问题，中服猎头将严格按照保密制度的相关规定办事。

2．长期和众多知名企业保持紧密联系

中服猎头非常重视和知名企业建立长期友好的人力资源战略合作伙伴关系，建立有庞大的企业信息数据库，知道其高级人才变动和需求，可以随时为您提供针对性的服务。

3．让精英人才找到真正适合自己发展的企业千里马常在，而伯乐不常有。好的人才放错了位置或给予的空间太小依然不能发挥其真正的才能。好的人才如果不能找到真正适合自己的企业文化，可能会因为诸多不顺，影响自己的成长。中服猎头将通过一整套国际化的人才测评系统让候选人清楚知道自己的优缺点和职业短板所在，中服猎头的高级人力资源顾问将免费为候选人做详尽的职业生涯规划，以供候选人参考。中服猎头公司的每一次举荐并不是简单的人选的撮合，而是真正人力资源的优化配置。选择中服猎头，您将看到自己更清晰的未来！

4．不对个人收取任何费用

中服猎头不收取候选人的任何费用，外地候选人面试产生的差旅费一般由客户公司全额报销。同时候选人还可以免费享受中服猎头的各项人力资源测评和咨询服务。

5．高级猎头顾问为您提供专一服务

中服的猎头顾问团队由资深人力资源专家、高级猎头顾问、企业管理咨询资深人士、人才测评专业人员、心理专家、企业高管和毕业于国内名牌大学顾问助理组成。部门与部门之间分工明确，协作紧密，为五十多家企业和上千名候选人提供了专业的猎头服务。

6．省时省力

对大多数中高级人才来说，在未得到一份新的更好的工作之前往往是继续担任原单位职务，将精力分散在找工作的事情上往往不明智。一方面担心现在公司的人知道，影响不好；另一方面，现有工作的压力使人无暇他顾。而委托猎头公司找工作则不用花费多少时间和精力。

7．选择范围广

猎头公司专业从事猎头工作，在全国范围内网罗优秀企业，范围广泛。只要您合适，您就有机会往更好的企业、更高的职位发展。

8. 待遇更好

人才在找工作时，直接和用人单位打交道，有时候怕失去一个工作机会而委曲求全。有甚者降低身价和薪资。而选择猎头找工作，猎头公司可以代您说出您不好说的话，为您争取您不好争取利益等等。

9. 提高身价

与猎头合作，可以提升人才的身价和社会地位。猎头公司专业从事高级人才寻聘服务，在选择人才时会经过严格考核，一旦您有幸被猎头选中，代表您的社会地位及经济收入将提升一个档次。

2. 简历—无销烟战争的利器

在硝烟滚滚的职场上，你要拥有的第一件利器，就是你的简历。

对于上班族和大学生而言，“简历”是一个再熟悉不过的名词，几乎每个人都撰写过自己的简历，作为敲门砖，帮助获得工作：全职的、兼职的……然而对于简历的撰写，并非每个人都熟悉。何出此言呢？由于工作的原因，我阅读过很多简历，它们各式各样，应有尽有。为数不少的一部分很外行，招聘人员将忽略这部分简历，或许他们很优秀，但他们还是失去了机会。因此我觉得有必要教大家认识一下“简历”。

在白领的口中，简历常被称为：CV和R é sum é 。其实CV是拉丁文CurriculumVitea的缩写，意思是“你经营生活工作的方式”。R é sum é 来自于法文，意思是“摘要”。写好自己的“摘要”，你需要一点技巧！

首先你必须明白并牢记：简历的目的是要求面试的机会，而并非得到工作！因为几乎所有的雇主不可能看了简历就决定雇用与否。除非你的简历寄给猎头，不然，在人力资源部，每当刊登一个招聘广告后，收到的应聘简历会达到三位数，如果你希望你的简历能脱颖而出，给浏览简历的招聘人员留下深刻印象，从而赢得面试的机会，那你必须刻意地准备你的简历。

雇主雇佣员工是为他创造价值，而价值因职位的不同而有非常大的差别。如果你的简历能体现出你可能为他带来的价值，那他一定会约你面谈。如果你能在简历的开始阶段，在显著的位置，用一句话描述你自己，描述你能为新雇主带来的价值，这对于看简历的人而言，会留下深刻的印象！

然而，在招聘人员的眼神停留在每份简历的时间不超过一分钟，你的简历必须有吸引他的格式、内容才能让他延长阅读的时间，同时你被邀请去面试的机会也会大大增加。

简历的格式非常讲究，只有赏心悦目的格式才能留住招聘人员的眼球，让他继续浏览简历的内容。一般来说，招聘人员不喜欢顶天立地的格式：

作为雇主，他阅读简历的目的是想通过了解你的过去，从你过去的成就去判断你将来的成就；如果雇用你的话，你会为他创造的价值。

新到一个公司，你首先要做的就是在最短的时间内融入这个集体，避免受到排挤和孤立。如果你是一个已经置身白领职场或是正准备投入其中的白领，对搞好同事关系的“游戏规则”就要有更多的了解，才能与他们和谐相处，并从中享受到融入集体所带来的好处和乐趣。

利器之一：调整心态，不把同事当“冤家”

同事之间应该是相互合作的关系，而不是相互竞争的“敌人”。很多人会抱着这个成见，把同事当作阻挡自己前途的人，这样的话你一定难以在办公室里立足，更难以发展。只有互惠互利的关系才可能长久，这是你融入集体而这个集体也接纳你的一个基本前提。

利器之二：不过问他人隐私

社会复杂，每个人为了保护自己的安全，有许多事情是不希望别人知道的。每个同事都有自己不希望为别人所知道的隐私，即使是最要好的朋友，也有不该知道的私事，何况是同事之间呢？所以就不要轻易地打听一些别人的生活状况，除非对方自己主动向你说起。过分关心别人隐私是无聊、没有修养的低素质行为。

利器之三：不要把个人感情带入办公室之中

你有自己的喜恶，对很多事物的看法和观念都带有自己强烈的感情色彩，但要记住切勿将此带入办公室的同事之中。对于和你看法不一致的，你可以保持沉默，不要妄加评论，更不能以此为界，划分同类和异己。为了工作，最好能多点“兼容”。你的这种“兼容”会赢得同事们对你的尊重与支持。

利器之四：提高兴趣，积极参加集体的娱乐活动

作为白领青年，大多是很懂得享受生活的。挣多多的钱，就是为了让自己的生活过得更有乐趣。所以在闲暇之时，可以与同事一起出去参加娱乐活动，比如唱歌、郊游、跳舞、泡吧等等，借此增加彼此间的了解与亲密。这不仅能让你获得更多的快乐和放松，稀释内心的压力，更有助于培养一个和谐的人际关系。

利器之五：说话要有分寸，不能口无遮拦

因为大家都不是很熟悉，所以说话的时候必须注意分寸，不能想说什么就说什么，每说一句话之前，都先考虑一下是否合适。不同的场合，对不同的人，有很多话是不能随意说的，否则会给人留下轻浮、不庄重的印象。

利器之六：经济上分清楚，AA制是最佳选择

对于白领来说，都有挺可观的收入，加上乐于享受生活，所以会经常聚餐游玩，这时最好的处理方法就是采用AA制。这样大家心里头没有负担，经济上也都承受得起，千万不可“小气”，把自己的钱包捂得紧紧的，被别人看轻。

利器之七：团结协作，彼此尊重

与新同事的共处应该注意彼此尊重、配合，只有做到了这一点，你才能得到更好地施展你的才华的机会，在竞争中求得发展。对于你的老板来说，他们看中的是你的才能与创意能否在这个集体中发挥出活力，能否和同事融成一个整体，而不希望因为你造成了集团的不团结。对于周围的同事来说，他们更愿意与那些工作能力强、具有团队精神且志趣相近的同事相处。不管做什么行业，都需要团队的配合，同事的团结。

利器之八：自愿承担艰巨的任务

虽然每个部门和每个岗位都有自己的职责范围，但总有一些事无法明确地划分到个人，而这些事情往往还都是比较繁重的。这时你就该主动去承担下来，不管成功与否，这种知难而进的精神会让大家对你产生认同。很有可能你会因此成为这个集体所倚重的核心人物。

融入新集体，进入一个新的角色，这也是对自己的一个挑战。有了以上几样利器，相信你很快就会被新的集体所接纳，成为其中不可或缺的一分子。

利器之九：懂得运用沉默

与人交际沟通时，适当地使用“沉默”，不仅能帮你解决棘手的问题，而且还可以让你的沟通能力锦上添花。因而沉默是职场交际中的致命利器。

人们常说：沉默是金，开口是银。一句简简单单的话却道出了人际交往中的一条重要规律。你有没有想过，你在工作中的过于“健谈”已经引起了同事的不满呢？年轻人会觉得你婆婆妈妈，不够爽快利落；老同事会认为你不尊重他们，否定了他们的办事能力。久而久之，你便会成为他们厌烦的对象和不愿接近的人。其实，适当的沉默才是你处理与同事关系的智慧宝石，巧妙地运用它，你将会得到意想不到的收获。

言简意赅地表达你的意思，如有必要，再把注意事项交待清楚即可，然后你就可以保持沉默，留一个宁静的“空间”给你的同事们好好考虑具体的步骤。当他们的想法不够准确圆满时，你才可以适当地给予补充，给一次适时的指导，但千万不要剥夺你的同事发言与思考的机会。

作为管理者时，适当的沉默可以起到“此时无声胜有声”的效果。通常来讲，当你批评下属时，他的情绪波动是很大的。每个人都有自尊心，成年后更是觉得面子是很重要的。也许你只是想苦口婆心地劝导他一番，并无他意。但是你无形中却伤了下属们的自尊心，让他们觉得颜面挂不住，产生了索性“破罐子破摔”的心理，那你的批评岂不是得不偿失?若是你在适度的批评之后保持沉默，相信这更是一种对当事人的威慑。你的沉默并非是对错误的迁就，而是留给了别人一个自省的余地。

3. 时刻处于备战状态

市场中没有永远畅销的产品，职场中也没有永远的“红人”。危机感不仅是企业常青的基石，也是个人进取心的源泉。一个失去了危机感谢的人会变得安于现状、裹足不前，等待人他的就只有被淘汰的命运。所以，在职场中，你必须时刻保持危机感才能使自己具有更强的竞争力。

随着时代的变化和发展，企业对于员工的要求越来越高。职场中，很多人都听说过这样的知，“今天工作不努力，明天努力找工作”“脑袋决定钱袋，不换脑袋就换人”。

如果不提前为自己的未来做好各种准备、不断学习新知识，那么，就只能被别人淘汰。价值是一个变数，也会随着竞争的加剧而“打折”，今天你可能是一个价值很高的人，但如果你缺乏危机意识，故步自封，满足于现状，明天你将会贬值，面临生存危机。

廖华是某集团公司的一名员工，他刚到公司的时候非常努力，很快就在工作中取得了突出成绩。他聪明能干、年轻好学，迅速成为老板面前的“红人”。

老板非常赏识他，进入公司不到两年，廖华就被提拔为销售部总经理，工资一下翻了两倍，还有了自己的专用汽车。刚当上总经理时，廖华还是像之前那样努力勤勉，每一件事情都做得精益求精，并且经常抽出时间学习，参加培训，弥补自己知识和经验方面的不足。时间长了，经常会有朋友对他说：“你犯什么傻啊？你现在已经是总经理了，还那么拼命干吗？要学会及时行乐才对呀。再说老板并不会检查你做的每一件事情，你做得再好，他也不知道啊。”

在多次听到别人说他“犯傻”的话后，廖华变得“聪明”了，他学会了投机取巧，学会了察言观色和想方设法迎合老板，不把心思放在工作上，也放弃了很多当初定好的学习计划。如是要他认为某件事情老板要过问，就将它做得很好；如果他认为某件事情老板不会过问，就马马虎虎对付，甚至根本不做。在公司中，人们也很少见到他加班加点的身影了。终于，在公司的一次中高层领导会议中，老板发现廖华隐瞒了工作中的很多问题，在年底的业务能力考核中，廖华有几项考评成绩大不如前，失望之余，老板就把廖华解雇了。

一个本来很有前途的年轻人因为丧失了危机感谢，安于现状，从而失去了一个事业发展的大好机会。

古人云：生于忧患，死于安乐。一味沉湎于这去的成绩，躺在过去的功劳簿上不思进取，只能让自己停滞不前。在激烈的职场竞争中，每个人都应该不断地超越平庸，追求完美。事物永远没有“最好”的时候，只有把它“做到更好”才能真正成功。若轻视工作，做事马马虎虎，敷衍了事，那结局就是终其一生可能一事无成。

对于职场人士来说，无论身处何种企业、高居何等职位，都必须有强烈的危机感并形成一种应对危机的策略，这种危机感是一种居安思危的前瞻，是一种步步为营的稳健处世风格。只有时刻保持危机感才能更好地保障在职场的长久发展。

近几年，随着大学生就业形势越来越严峻，以及去年因金融危机引发的失业率不断上升。身在职场中的你，可否庆幸并珍惜着自己的还拥有一份不错职业？可否在心底深处存有一种所必需的职场危机感呢？

也许你正为自己所在的企业处于蒸蒸日上发展中而欣慰，也许你正为自己在企业中安逸平稳而满足，但是你可否真正静下心来审视企业，以及审视自己呢？

在当今社会环境下，占据经济结构较大份额的当属中小型企业，相比起政府、学校、金融机构和一部分国有企业，中小企业生存与发展环境竞争异常激烈，这就使得中小企业从业人员要具备比政府公务员、社会其他机构成员、国企人员更强烈的竞争意识、专业能力和综合适应力。由于外部变化的快捷，使得企业人员流动相对较快，这就要求身处内部的从业人员必须居安思危，时刻保持清醒头脑和积极的工作态度。

不少刚参加工作的大学生、一些刚刚跳槽来的新员工，往往表现出其积极、活跃的一面，这其中既有初踏新环境的激情、也有因环境新鲜感带来的刺激，使得刚刚进入企业的新生力量们充满活力，让领导及同事眼前一亮。一段时过后，随着对工作流程的熟悉、人际网络的逐步建立，就会出现对职场不服水土的跳槽者、被环境慢慢同化的沉沦者，以及继续保持工作激情的前行者。

其中，对职场不服水土的跳槽者多是不满于现状，自恃能力超凡，不能安于眼前环境，这山望着那山高。这部分人通常心理浮躁、属职场幼稚一族，他们并没有真正理解潜下心来积蓄和沉淀，以及不断自我蜕变、超越才能真正走向成功，频繁且缥缈的几番职业征程背后，可能是沉浸于患得患失的茫然，职业成就感在时光流逝里最终不了了之。

说有这部分被慢慢同化的沉沦者，先来讲个故事吧：有一只老鹰，生蛋时不小心生到了鸡窝里，这只鹰蛋与其他鸡蛋一同被母鸡孵出来，小鹰从出生那一刻起就从来不知道自己是一只鹰，总是为自己比其他的鸡又丑、又大、又笨而郁闷，每每抬望天空里盘旋的翔鹰，都令小鹰羡慕不已，可它认为自己只是一只丑陋的大笨鸡。直到有一天，小鹰被黄鼠狼追赶到悬崖边，只见它纵身一跃、展开翅膀就飞了起来。那一刻，飞翔在天空中的小鹰终于知道，自己原来是一只鹰，而不是一只鸡！那些个慢慢被环境同化的职场沉沦者，多少与这只小鹰的境况有些相似，并非他们天生没有能力，只是连他们自己，在某种格式化的环境呆久了，都忽略自己的能力，变得不自信。这部分职场同化者，在看不到自己优点的同时，也往往意识不到职场危机感的时时存在。他们每天按部就班的上下班，很少违反公司制度，他们等待着领导去安排工作，如果没有工作安排他们，则默默无闻、与世无争者的做着职场老好人。从表面上看，这样的人是职场中较为稳定、流动率低的一个群体，但他们的行为本身，已经对企业参与竞争形成危机。站在企业角度来看，这部分职场同化者增加了经营成本、并没有创造相应的效益，处于发展期的企业不会滞留这部分“闲人”，会首当其冲的放弃掉沉沦者们，而处于成熟期的企业在优化人力资源结构时会择机进行调整。

因此，身在职场，你必须时刻保持危机感，做一个能持续工作激情的前行者。也许，你没有超强的工作能力。也许，你对胜任眼前的工作还不够把握。但是，你时刻保持危机感，不让自己在环境中沉沦、时时充电、虚心请教、不断进取，你有积极主动的工作态度，对于领导没有安排的工作，也都提前考虑和做了相应的准备，那么，你起码具备了在企业中的个人竞争力。换言之，就是你的工作岗位暂时不会被替代，或者说任务目标的完成不会因为有你没你都无关紧要。当你的公司处在发展期时，可能需要你是一个复合型的多面手，你既熟悉行政办公事务的处理，也能应付业务与销售，那么你可能会与公司一同前进和发展。当公司竞争力加强时，你还能保持彼时的激情与积极态度挑战更具专业性的岗位、并对公司下一步扩大经营具备价值时，你才能立于不败、才能随企业的成功一同成长，和成功！

在职场中，保持一段时间的工作激情并不难，但要做到对企业忠诚、工作积极主动和不断时取，在工作中边学习、边提高，与企业外部大环境共同参与竞争却并不容易。这要求身在职场必须时时保持危机感，经常冷静审视自己、对自我进行评估，客观分析职业危机感的风险和所采取的应对措施，不断积蓄、戒骄戒躁、居安思危，以积极平和的态度给自己一个平衡发展的职业之路。

4. 坚持—职场制胜的关键

C 与L同一年进公司，L独当一面的能力让她在同事间留下了好口碑。而C开朗活泼、漂亮而富有亲和力，虽然能力不及L，不过人际关系不错，对内对外常得益于此。今年年初，已工作了7年的部门经理公开了他要跳槽的计划，并点名C和L两人为部门经理候选人。不过，他表示需要认真考虑一番，并与管理层进行商谈，谜底会在3个月后揭晓。

3 个月后，当经理宣布接替他位子的是C时，周遭的同事议论纷纷，感到有欠公允。但L却出人意料地表示欣然接受，并赞扬了C身上有着自己没有的许多优点，认为这样的结果很合理。L的行为引起同事交口称赞，留下了通情达理的美名。而L的一番赞扬与理解很快传到了新任经理C的耳朵里，C其实也明白自己的业务能力不如L，升职靠是更多的是人际关系。因此，原本就对L有所歉意的C，更加深了内疚。于是，第二年的绩效考核，正是C的批示使L得到了最高幅度的加薪，而L的优异成绩也最终引起老板的青睐，被调至另一个部门当主管。

C 与L没有经历直接的“晋升比赛”，而结果宣判了C的胜出，L的落败。但晋升失败的L对晋升结果的良好态度却使得她的事业峰回路转。

要想在职场中制胜，要做到以下这些：

坦然面对失败。既然结果已定，对结果的讨论已没有任何的意义。L 虽然郁闷，但她马上淡定心态，从客观的角度来分析C成功晋升的理由。其实老板绝对不会轻率地晋升谁，谁上谁下，谁走谁留，都会有他们的评判标准，表面上看似不公平，背后很可能有着它公正的一面。更何况每个人身上都有着别人无法企及的优点，这时潜心分析将会收获颇丰，也会对老板的用人理念有更好的拿捏。

貌似相安无事的职场，却常为利益起冲突。晋升意味着权力，很多以此为目标的人们各显神通，十八般武艺全都要一遍。但反过来，这时也是表现超脱人格魅力的好时机。L晋升未果后的赞扬与诚恳，赢得了同事敬佩的目光，也使得自感在这场晋升中获胜的C为之内疚。最终，C的内疚转成行动，在事业上对L进行了补偿。

一个有思想的上司总是喜欢少说话、多干活的下属。不要对你的上司唠叨你过去已作过什么，而是告诉他们你现在或将来能作什么;毕竟，过去属于过去，未来属于你自己。

聪明的上司总是明白“说得多并不等于口才好，干得多并不等于能干”的道理。

不要就工作完成时间与上司讨价还价，争取在预定时间内完成工作或提前完成，尤其是你的同事经常提前完成任务时。

不要抱怨自己忙得没时间去完成工作，因为“忙”是好事情，当你不忙的时候，公司或部门裁员时首先想到的就是你。

如果你是一个很擅长“包装”自己、很有个人魅力的人，你自诩的工作成绩还不能得到上司和同事认可时，那么，仔细检讨你是否对自己评价过高。

你的工作能力是否强、你的工作效果是否好、你是否忙，应该由别人去评判，而不是由你自己去评判。

注意你在办公室的行为举止、工作方式，因为同一办公室的同事最关注你的工作情况，而办公室外的同事也许只注意你的个人魅力。

目前人们谈到管理模式时，常谈到“金字塔形”与“扁平形”，“金字塔形”指组织机构等级较多的结构类型，管理实行逐级汇报的原则;而“扁平形”指减少组织中的等级，减少汇报的级数，以提高工作效益的结构模式。显然，“扁平形”管理方式是企业应该采取的管理方式，但是，“扁平形”目的是为了减少等级数，并不等于可以越级汇报。“扁平形”管理与“逐级汇报”并不矛盾，企业追求的应该是在合理“扁平”中“逐级汇报”的管理模式。因此，尊重你的直接上司，不要越级汇报；遵循“游戏规则”，你和上司之间才会有良好的沟通与合作。

如果你是个指挥欲很强的人，第一忌讳指挥其他部门的人，不管他们的级别比你低还是高；第二忌讳对其他部门的负责人指手画脚，即使你是公司某部门的负责人；第三忌讳对你的上司发号施令；第四忌讳指挥你同一部门的相同级别的同事。你与以上各种人员都应以商量的口吻采取协商式的沟通方式，否则，你和周围人的沟通会出现严重障碍。

不要公开传扬你同事的收入，否则你会被认为缺乏修养和礼貌。

当你犯错的时候，要勇于承认错误，第一忌讳扯皮，为自己的错误寻找借口；第二忌讳推卸责任，认为你的错都是别人造成的。

对待批评应采取“有则改之，无则加勉”的态度。

犯错是难免的，但职场中最笨的人是那些犯了错都不知错在哪儿的人，因为他们根本就没有思考过错在哪儿，因而，他们肯定还会犯同样的错误。

最失败的职场弄潮儿不是那些会犯错的人，而是那些会犯同样错误的人。

不要抱怨你受到的不公平对待，有个哲学理念说“存在的就是合理的”，你所受到的待遇是有它“存在”的背景、条件和原因的。

现代企业和社会的客观规律仍然是“适者生存”，是客观条件和客观环境在淘汰人，当危机来临时，先检讨自己的不足。

另外，在这个聪明人过剩的时代，聪明不再是稀罕物，没有多少人喜欢那些聪明到精明的家伙--相反，职场上、生活中，那些看起来笨笨的、钝钝的、善善的、憨憨的人，成为这个精明时代的“宝贝”。

拥有这样一个同事，拥有这样一个朋友甚至是男朋友，会让许多人都感到心里踏实。

通过这个角度，我们可以理解为何像麦兜一样的人物：《士兵突击》的许三多、《功夫熊猫》的熊猫阿宝、《冰河世纪》的树懒锡德、《怪物史瑞克》的史瑞克这些经常被捉弄、被嘲笑的家伙，最终如何以他们的“笨”精神深深打动我们。

如果说敏感力是一种外在的洞察力，那么钝感力则是一种内在的坚持力。

相对于洞察力，坚持力是一种更持久的耐力与爆发力。我们要学习的“钝感力”，是一种对周遭事务不过于敏感的能力。“钝感力”强调的是对困难的一种耐力，是厚着脸皮对抗外界的能力。它是一种积极向上的人生态度。

“钝感”相对敏感而言更像一种大智若愚的生存智慧。由于生活节奏的加快，现代人过于敏感往往就容易受到伤害，而钝感却能让人在任何时候都不会烦恼，不会气馁。在职场上取得成功的人士，其内心深处一定隐藏着一种绝妙的钝感力。

职场就是一个个不同生态圈，在这种生态圈中，互相的竞争、斗争在所难免，弱肉强食、优胜劣汰也是常态。正是这种貌似“迟钝”的顽强意志使人能够突破重重障碍，最终实现自己的发展梦想——这正是《麦兜响当当》给我们最深刻的启示。

从某种层面上看《麦兜响当当》是一部最佳的职场励志电影：许多职场人特别是职场新人，其实就与麦兜一样资质平凡，在漫长的奋斗征程中，屡战屡败，屡败屡战。所以，对于职场“麦兜”们，必须学会以麦兜不怕输的精神激励自己一步步朝着梦想的目标前进。

抛掉种种缺点，麦兜身上最应令我们学习的就是一种“钝”的精神——这种“钝”可以理解为日本作家渡边淳一所说的“钝感力”，那是一种“迟钝的力量”，即从容面对生活中的挫折和伤痛，坚定地朝着自己的方向前进，它是“赢得美好生活的手段和智慧”。

5. 奇货自然可居

战国时候，有个大商人吕不韦到赵国的京城邯郸做生意。一个很偶然的机会，在路上他发现一个气度不凡的年轻人。有人告诉他说："这个年轻人是秦昭王的孙子，太子安国君的儿子，名叫异人，正在赵国当人质。"

当时，秦赵两国经常交战，赵国有意降低异人的日记标准，弄得他非常贫苦，甚至天冷时连御寒的衣服都没有。吕不韦知道这个情况，马上想到，在异人的身上投资会换来难以计算的利润。他不禁自言自语说："此奇货可居也。"意思是把异人当作珍奇的物品贮藏起来，等候机会，卖个大价钱。

吕不韦回到寓所，问他父亲："种地能获多少利？"

他父亲回答说："十倍。"

吕不韦又问："贩运珠宝呢？"

他父亲又答说："百倍。"

吕不韦接着问："那么把一个失意的人扶植成国君，掌管天下钱财，会获利多少呢？"

他父亲吃惊地摇摇头，说："那可没办法计算了。"

吕不韦听了他父亲的话，决定做这笔大生意。他首先拿出一大笔钱，买通监视异人的赵国官员，结识了异人。他对异人说：“我想办法，让秦国把你赎回去，然后立为太子，那么，你就是未来的秦国国君。你意下如何?”

异人又惊又喜地说：“那是我求之不得的好事，真有那一天，我一定重重报答你。”

吕不韦立即到秦国，用重金贿赂安国君左右的亲信，把异人赎回秦国。

安国君有二十多个儿子，但他最宠爱的华阳夫人却没有儿子。吕不韦给华阳夫人送去大量奇珍异宝，让华阳夫人收异人为嗣子。

秦昭王死后，安国君即位，史称孝文王，立异人为太子。孝文王在位不久即死去，太子异人即位为王，即庄襄王。

庄襄王非常感激吕不韦拥立之恩，拜吕不韦为丞相，封文信侯，并把河南洛阳一代的十二个县作为封地，以十万户的租税作为俸禄。庄襄王死后，太子政即位，即秦始皇，称吕不韦为仲父。吕不韦权倾天下。

据统计，我国当前互联网经济急需的人才空缺巨大。而其中，空缺的部门经理和副经理以上职位的人员占了绝大部分，近8.2%的管理人员空缺，网络人才依然“奇货可居”。

网络经销人才

“招聘电子经销专家市场供不应求，每个平步青云的机会都向我敞开大门!”一位新媒体专家的叙述，说明经销行业中许多在职者的有利地位。另外，网上销售商还为开发浏览器的公司购买广告空间，同其他公司谈判相互进入对方网络的事宜。他们工作的核心是对专利权和名牌商标进行调查研究，以及对公司、产品和市场潜力进行分析。

网络法学人才

多媒体的推广应用和因特网的发展壮大，使版权管理越来越重要，网上作者希望其权利受到保护。对一部画面取自电视纪录片、音乐出自某当代曲作者、文字又出自另一位作家的作品，其版权谈判实际上相当棘手，更何况还存在盗版和假冒伪劣产品等问题。

网上导读人才

现在一般人上网往往是因个人的原因，如购物、交流、交友、查资料等，随着电子商务的发展，企业越来越依赖于信息，因此专门上网为公司服务的“导读员”需求越来越大。只有经常上网、通晓各类语言、熟悉各类信息在哪里，并能根据需要以最高效率整理信息的上网者才能荣任导读员。

网络分析人才

如同股市不可缺少股票分析师一样，互联网公司、网站也同样不能缺少网络分析师。他知道什么内容能吸引受众，怎样指导网民投资等，从而找到网站进行市场宣传的一个好卖点。据悉，国家信息产业部门已决定，加快、加大互联网络的国际出入口带宽，让信息流通更顺畅。同时还决定近年内建成5个中央级重点网络，并逐步形成中央、各省、自治区、直辖市及驻外机构的互联网络体系，这些都给网络分析师提供了广阔的就业空间。

战略分析人才

美国有一支庞大的战略分析队伍，他们以丰厚的年薪，高居互联网相关职位的榜首，成了抢手的资源型和复合型人才。我国某些猎头公司，头脑清醒，眼光敏锐，已经把获取网络经济急需的战略分析人才列入视线，并且已经开始了网上出击。

软件设计人才

有报告显示，目前有10万至40万个需要电脑软件技能的职位因无人填补而空着。软件工程师的频频告急，引发了一场全球性的争夺大战。据悉，软件工程师由于享受期权股票，不少优秀的软件工程师早已成为百万富翁甚至亿万富翁。

游戏设计人才

在我国，电子游戏、电脑动画和特别效果业求才若渴，年营业额颇为巨大的电子游戏业需求胃口惊人。

网络安全人才

近几年，利用计算机网络进行的各类违法行为在国内呈上升之势，黑客的攻击方法已超过计算机病毒的种类。我国电子信息网络建设仍处于初级阶段，网络安全系统脆弱，给黑客留下可乘之机，而“监守自盗”式的内部攻击对网络安全构成了更大的威胁。我国正在组建自己的网络安全队伍。目前信息安全主管单位主办的中国网络安全系统正在紧锣密鼓建设之中，数十家网络安全公司将在各地兴起，网络安全正在成为一门新兴产业。

我们要努力让自己成为职场中的“奇货”，这样，才能可居！

6. 每一场战斗都是你扬名的机会

作为一个经理人，尤其是一个想实现自身价值的中高层经理人，你会评价自身的能力和业绩么？有一个简单的判断方法：想一想有多少个猎头公司给你打电话，汇总一下数目。如果你经常被猎头公司打扰，表明你在市场上已成抢手货，这时你或许可以向老板暗示点什么了，也就是说你有向老板讨价还价的资本了！

猎头带点野性的味道，是要为用人单位猎取至少是中层以上的管理人员。在猎头公司、用人单位、候选人这三个人玩的职场游戏中，猎头扮演的是红娘的角色，最善于为他人做嫁衣。

“猎头”在穿线，即一旦接到用人单位的单时，一般是针对用人单位需要的职位，进行准确的分析定位之后，进行搜索。首先在自建的人才库里寻找，如果要“搜”的对象是公司人才库里没有的，那么最通常的做法是，瞄准那些在任的性质相类似的公司、相同岗位上业绩突出的个人，与其进行接触、交流。

事实上，猎头公司更多的是，需要主动去发现和寻找人才。北京赛思卓越企管顾问公司的总经理黄剑说：“经我们推荐的人才，80%是通过我们与行业中的广泛联系寻找到的，而不是来自人才库中的现有人才。”不过，如果在“猎头”这一行混熟了，对于“猎物”可能处的位置是很清楚的。

通常，猎头猎取猎物的惯用招数是电话。在互不相识的情况下，“猎头”公司会打电话到猎物所在的公司里去，毛遂自荐一番，并抛出诱饵，将想“挖角”的意思稍为透露，但关于用人单位的名称则绝口不提。如果对方无意接触，也不穷追猛打，而是以委婉的方式，叫对方留下一份资料，充实一下公司的人才库。如果对方有意接触，当然是再好不过，约个时间，找个地点面谈，还稍带一点小小的要求：“猎物”要提供自己的一份个人资料，包括学历资历，过去的工作经历、业绩等等。通过面试与参考提供的资料，看看猎物个人整体综合能力究竟是几斤几两。这对候选人而言是关键的一环。

北京浩竹猎头公司的王长江经理表示，他们基本已经很少使用打电话的原始方式初次联络人才。一个原因是，他们寻访的人才多数是层面极高的总裁级人才，电话接触效果不佳，也不够礼貌；另一个原因是，目前有一些高层经理不太愿意在电话里对猎头表示亲近；深层的原因是，一些不太仗义的老板可能会冒充猎头公司，试探他花费高薪请到的经理人是否忠诚，是否可能被其他人高薪挖走。浩竹与高级人才会面一般是通过业界有影响力的兼职顾问或者朋友进行引荐，在保密而且优雅的环境中会面。王长江提醒：当接到猎头公司电话，稍稍谨慎一些，在能够判断来电者身份的情况下，再表示热情不晚，免得被自己的老板不信任。

如果用人单位相中了“猎头”公司所推荐的“猎物”，表示“猎头”公司和用人企业之间已经成交，“猎头”的工作便告一段落，但并不是尾声。一般情况下，“猎头”公司有3–6个月的后续服务，即用人公司如果在半年内发现人才“质量问题”，“猎头”

公司将免费为用人企业再提供人选。

那么，如何才能进入猎头公司特别是专业猎头公司的视线？王长江认为丰富自己的社交圈子很重要。“你应该具备比较宽阔的社交区域，就是说你要有比较大的朋友圈子，有较良好的职业道德和个人口碑、曾经有为公益事业做出奉献的事迹，这样的人就非常容易进入猎头公司的视野。因为目前我们已经很少用电话直接联系候选人的寻访方式，而更趋近于通过圈子里的朋友，去了解并推荐合适的人选”。

郭展序则认为，多创造一些实际业绩，多参加社交活动，把自己的名片发给别人，经常留意人力资源的动态与趋势，主动与猎头公司接触，增加自己的曝光率。

一些曾经被“猎”的经理人透露，灵活运用以下几手，最有可能得到猎头公司的关注：在行业内发表论文、文章，直叙自己的想法与观点；主动接受媒体采访，并介绍自己；多参加权威性的有影响的培训班，引起特别注意；还要以积极的心态主动与猎头公司打交道。这些拿手好戏，通常是猎头公司收集有关人才资料的常用手段，并列入候选人名单。

还有很重要的一点是，许多猎头也都建议，高级经理人不要拒绝或回绝与猎头公司打交道，多接收一些猎头公司的名片有益无害。他们认为，与猎头顾问保持联络的好处是可给自己带来良好的发展机会，可获得职业发展指导，在保证职业安全的前提下寻找新机遇，获得与用人单位平等对话的权利，而且更容易获得高薪，还可在老板面前可以挺直腰板。

被“猎头”公司暗恋的“猎物”，至少在猎头看来是他们认同的“情人(人才)”，那么什么样的人才可能成为“猎物”呢？

王长江说：猎头公司从来不帮那些找不到工作的人找工作，而是帮那些从来不愁找工作的人找工作，就像银行在贷款时，从来不敢向穷人借钱一样。猎头公司收取客户很高的佣金，必须为客户找到非常优秀的适合客户企业职位要求的人才，而不是像职业介绍所收取个人费用为人才找工作。事实上，这很有必要，也很现实。毕竟，现在国内很多用人单位还不认可具有潜力的人，而更认可具有实力的人。就是说，这些人必须要在企业中做到一定层面，最低职位也应该至少要做到部门经理，如果没有达到这个层面，吸引猎头的眼球就相对困难一些。因为只单纯依赖猎头公司的包装，也很难挑起用人单位的胃口，这也意味着这个人不可能使猎头公司赚到钱。这样，猎头公司是不愿意浪费时间去给他打这个电话的。

不过，让猎物吸引猎头眼球的说法也各异：深圳展动力猎头公司总经理郭展序认为，真正的猎物需要卓有成效的工作经历，可圈可点的实际业绩，从业素质皆良的职业操守，但猎物月薪在6000元以上也是相当重要的一个硬性指标。上海某外企人力资源王经理不以为然，用钱来衡量很简单，也很重要，但人的综合能力更关键，经验更重要。最好有一技之长。王长江的观点似乎有点综合的味道："人才很重要的基本指标是他目前的年薪，因为他目前较高的年薪，不仅有利于猎头公司获得较高的佣金，而且能够支付他高薪的公司往往也比较规范，容易使人才获得培训机会和获取丰富的职业经验。浩竹一般希望候选人目前年薪已经在20万元左右或者更高，但是浩竹更加看重人才是否有卓越的工作业绩、优秀的职业品德、被人称赞的口碑、目前已经很好的职位、良好的职业经历和丰富的工作经验，因为在少数传统企业中，一些非常优秀的人才价值是可能被过分低估。如果他在很大规模的公司担任主要领导职位，而且因为他的变革和管理使企业发生重大的业绩改变，这种业绩改变如果主要是他个人能力，而不是国家政策或者宏观经济形势所致，即使他年薪很低，也会被浩竹看好，并将他做到身价与能力相平衡。”北京嘉世华管理顾问公司蔡志明则给出反面说法：“有这种四种人是不受欢迎的：一种是见异思迁者，他对自己没有一个准确的定位，而是见风使舵，动不动就跳槽；第二类人就是受害者，他到哪里都跟公司发生矛盾，总是在抱怨，以一副受害者的姿态出现；第三类人就是井底之蛙，本身没有什么水平，总是夸夸其谈；最后一种是贵族子弟，天分很高，但是什么都看不上，什么都不屑于做，优越感太强，缺乏团队和合作精神。”

值得一提的是，大的跨国企业要求的人才较全面：学历、资历等硬件必须具备，英文、电脑技能不可缺少，专业素质好。另外，深圳某大型跨国企业伍小姐给出这样一个信息：大部分跨国公司有点“重女轻男”的倾向。同样一个职位，如果能选择女性，他们不会让男性来做，这和大部分国企的做法恰好相反。

有资料显示，目前，国内大小猎头公司有3000多家，而真正称得上专业性的猎头公司则不超过30家。很明显，百里挑一，确实需要经理人的慧眼。

“一些猎头公司为了取悦个人，经常随口承诺，这不值得一信，正规的猎头公司不会轻易给出承诺和推荐。”北京某大型企业计算机技术总监常先生，对猎头公司的随口承诺似乎有点不满，自称在与猎头打交道的过程中就走了点弯路：

“开始的时候，我从网上挑出几家猎头公司，并逐一打了电话，说了自己的情况和条件，后又根据他们的要求发了简历，不过得到的承诺可不太一样。有的说放心吧，我们这边肯定有你要的职位，还有的满口答应帮着寻找的，也有仔细询问之后说会尽量帮助我的。之后的一段时间，确实是有不少猎头公司来电找我，说已为我找到合适的职位，让我尽快去面试。当时，我还挺高兴，可去了两回，心就凉了大半截，职位的状况、猎头的承诺和自己的需求根本不相称。总觉得猎头的承诺好像在为我开空头支票，自己有种被愚弄的感觉。虽然不断有热情的电话打来，但雷同的内容实在让我厌烦，感觉自己好像已成了卖不出去的积压物品了。”

如何选一个好的猎头公司，王长江提出了自己的见解：“媒体上经常报道，有一定知名度和口碑良好的，应优先选择；二是通过网站、宣传单，最大限度地获得猎头公司的资料，看其人才服务态度是否真诚，人才服务承诺是否可信，是否有个性化的公司理念和风格等等，从而判断猎头公司是否值得信任和值得打交道；三是直接跟猎头顾问接触，好的猎头顾问比较资深，阅历丰富，知识渊博，往往不会是刚刚毕业几年的年轻人，他们能够为你提供职业生涯规划的建议和指导，对服务承诺上一般是有限承诺，而不是满天承诺。”对于推荐职位，王长江告诫大家，真正优秀的猎头公司即使半年没有给你推荐一次职位，也不会让你浪费时间跟并不适合你的多个企业去洽谈。因为不仅浪费你和客户的时间，而且可能影响猎头公司在客户心目中的专业形象。

第四章 猎头眼中的优秀猎物

1. 人脉让你锦上添花

成功，不仅在于你知道什么或做什么，而且在于你认识谁。

在好莱坞流行这样一句话：“一个人能否成功，不在于你知道什么，而在于你认识谁。”不要对这句话产生质疑，对于在社会上拼搏的每个人来说，实力学历其实都比不上“人力”来得更为管用，要想在同样的竞争条件下能够比别人运气好，就一定要在“认识谁”上大做文章。

人脉是你成功的关键，是你一笔不可忽视的潜在财富。没有丰富的人脉关系的话，无论做什么事情都有出现举步维艰局面的可能。换句话说就是，如果你的人脉关系越丰富，你的力量也就越大。可能别人办不了的事情，你一个电话或许就可以做到圆满的解决，反之，有些你费了九牛二虎之力都未能解决的难题，在别人那里，却可能轻轻松松的就被搞定了。究其原因，就是“认识谁”的问题，所以说，创建有效的、丰富的人脉关系就是你通往成功的一条捷径。

人脉创造机遇。虽然大家都说“是金子就会发光”，但那同样也需要有人能看得见光才行。现实生活中有些人相貌堂堂，胸怀大志，才华满腹，学历很高，工作能力也很强，然而，却很有可能始终都郁郁不得志，甚至还会成为别人眼中的失败者或者负面教材。那些烫金的文凭，丰富的经历真的就成了累赘吗？当然不是，这种人所需要的其实就是一个真正的“伯乐”。

人脉就是资源。一般情况下，在募捐的时候，人们常说的一句话就是“有钱的出钱，没钱的出力”，还有人会“以工代赈”。这些话语里其实都说明了一个道理，那就是—人就是资源。当一个人刚刚开始准备创办自己的企业之时，极有可能会是没有钱，没有设备，没有技术。没关系，只要能够拥有掌握这些资源的人就可以解决这些问题。

对于现代人而言，人脉问题似乎就是能否成功的一个最大关键，因为谁也不能够预知自己的下一步将会面对什么样的情形。工作上的协助，生活里的资助，团队间的互助，这一切都若有似无的可以看出一个人“人脉”关系的好坏！

人脉越宽，路子越宽，事情就越好办。一个优秀的人，往往很容易就能影响到他身边的人，好的人脉关系网布仅仅是成大事者的一个重要因素，而且也是必备的因素之一。

当办事不顺心或者四处碰壁的时候，人们往往就会发现，如果能够和这件事的某个关键人物牵扯上一点关系，办起事情来便会顺畅很多。毕竟，只要和那些关键人物能有所联系了，当有些事情想要去拜托或者商量探讨时，得到的回应会比不认识他们的时候好很多。

这种与关键人物取得良好联系的有利条件，就是“人脉网”赖以存在的一个基础。事实上，每个人，都希望可以得到那些有一定背景的大人物的帮助，这样使得他们在事业的发展上，能够尽可能的少一些障碍。所以说，有技巧地搭建丰富有效的人脉关系真的是到达成功彼岸的一个必备秘籍。

有这样一位法庭书记员维洛，他的职位不高，薪水也不高，突然在他生活中某一个很巧合的机缘，一个重大的转折点降临到了他头上。他被摩根银行的董事看中，并且很快被推上了摩根银行总经理的位置。在他担任美国摩根银行股东兼任总经理的时候，他的年薪高达一百万美元，随后又担任了美国驻墨西哥大使，瞬时他在美国声名鹊起，一下子便成了全美商业巨子。那么他如此之大的转变有着怎样的机缘巧合呢？

说来其实很简单，摩根银行的董事们之所以让维洛来担当如此重任，就是因为他在企业界和政府官员中有着极为良好的人脉关系，这些人脉关系正是他的价值所在。

对于一个人来说，认识的人越多，认识的人越重要，对他自己的生活和事业就会越有帮助，同时，他也就会越懂得人脉的重要性，在与人交往的过程中也就会越主动积极，他的人脉关系也就能够做到越来越融洽，越能更好的适应社会，自然，他的工作业绩也就会越大。

有句俗话说得好："一个篱笆三个桩，一个好汉三个帮。"《水浒传》里的宋江，原本只是一个小人物，只是山东郓城县里的一个小吏，可是，日后他却摇身成为了威震四方，名震一时的英雄，仔细想想，他靠的是什么？是武松、林冲、李逵等等众多的朋友，如果没有他们那些人，宋江如果说要摆脱小人物的命运，或许就只是一个梦想了。

在当今这个时代背景下，人脉关系的确已经成为专业的支持体系。对于个体来说，专业是把利刃，人脉是一种秘密武器。如果只有专业，缺少人脉，那么个人竞争力就只能是一分耕耘一分收获，但是，如果能加上人脉关系的话，个人竞争力在很大程度上将会变成是一分耕耘，数倍收获。事半功倍将会轻而易举的便能实现。

红顶商人胡雪岩曾经说过这样的话，他说：“一个人的力量到底是有限的，就算有三头六臂，又能办得了多少事呢？要成大事，全靠和衷共济，说起来我一无所有，有的只是朋友。”道理已经蕴含其中。

美国有一个出版商手头上有一批滞销很久都未能脱手的书，他后来想出了一个主意，便是给国家总统送去一本，并且三番五次不厌其烦的去向总统征求意见。总统事务很忙，根本无心与他纠缠，于是便随意回应了一句“这书还不错”。随即，出版商便开始借总统之名大做广告，宣传他那里有“总统喜爱的书”，接下来，很显然的结局便是，这些书被人们抢购一空。

时隔不久，这个出版商又有一些书卖不出去了，同样，他又送了一本给国家总统，总统已经经历过一次类似的状况了，于是这次总统便说“这书很不好，简直糟透了”。出版商听到总统如此的评价后，转动了一下脑子，便开始做广告说“现在他那里有总统不喜欢看的书”，很多人出于好奇便再次争相抢购，很快，这些书再次销售一空。

到了第三次，出版商还是一如既往的把书送给了国家总统，总统由于有了前两次的经历，这次便什么都没说，没有任何的回复和评论，这下出版商有了另外的广告词，说“连总统都能以下结论的书会是什么书呢？”结果可想而知，抢购的场面比前两次更为火爆。

这个故事其实并不是说要告诉我们去想办法认识总统等人，它是在告诉你，学会如何巧妙的“利用”你周围人脉关系，并且让你意识到这种“利用”的重要性。

或许这个观点听起来有点不可思议，但是仔细琢磨一下的话，你会感觉还是非常有道理的。很多人都认为的所谓成功靠自己，其实是没有错的，那只是一个方面，事实上，你好好分析一下的话，单靠一个人的力量能做多少事情呢？其思考后的结论恐怕连你自己都不敢相信吧。

有位名叫艾布杜的阿拉伯人，本来已经穷困潦倒，身无分文了，但是一个很小的主意点却让他的命运发生了根本上的一个转变。在他的签名本上贴着很多世界名人的照片，甚至他还模仿名人的笔迹，把他们的名字签写在照片底下。某天，艾布杜带着他的签名本开始拜访工商巨子和一些名声好的富翁。

艾布杜对他们说："我是因为仰慕您而特意千里迢迢的从阿拉伯来拜访您的，请您在这本世界名人录上贴上一张您的玉照，然后再在上面签上您的名字，我们将会加上您的简介，集结出版，等出版后，我会立即寄赠一册给您……"

艾布杜所拜访的这些人里，有的是钱，他们又很喜欢摆阔，一想到自己能够跟世界名人排名在一起，自然就会感到无限风光，于是，很痛快的就付给艾布杜一笔为数极为可观的资金。

其实每一本签名簿的出版成本不过仅仅是一两美元而已，而那些富人所给的报酬，却往往超过了上千美金。艾布杜整整花了将近6年的时间，他周游了很多的国家，大约能有2万多人给他提供了照片和签名。其中，给他酬劳最多的高达2万美元，最少的也有50美元左右，计算下来，艾布杜总计收入差不多有500万美元左右。

如果我们把人际关系比作是大脑的神经网络，那么其中的每一个人就是一个神经元，突起的越多，那么与周边的联系就会越多，自然也就比别人更加灵敏，从而也就会更加容易走向成功。

有位在一家中型企业做销售部经理的朋友，闲暇时间没事的时候喜欢上网，而且还建立了自己的博客，时不时的便把自己在商场打拼的一些体会、经验、教训、甘苦等都贴在网上。有一次，在浏览博客网页时，他发现了一篇很是精彩的文章，读完之后，紧接着便发表了读后感以及他自己对文章的肯定和赞美。这样一来二去，他就和作者建立了很好的“文缘”联系，几个月后，他们相约见面后，两人交谈甚欢，对方邀请他到他的企业去工作。原来，这位网友竟然是他所从事的行业中排名第二的企业的老板。到现在，他已是这家企业主管营销的副总经理了。由于他们在网上不设防的真诚交流，彼此对对方的价值观、爱好兴趣、处事能力等方面都已经有了比较透彻的了解，所以，他与老板相处得很是融洽。同时，他还利用网络在全国很多个城市结交了20多位知心的朋友，这个举动大大地促进了他业务的开展，人脉资源的延伸也取得突破性的进展。

俞敏洪讲过的一句话：你要想知道你今天究竟值多少钱，你就找出身边最要好的3个朋友，他们收入的平均值，就是你应该获得的收入。

这句话让我们看到了人脉的重要性。一般来说，建立人脉有以下几个原则：

互惠。人和人之间都是相互的，所谓赠人玫瑰空手余香就是这个道理，如果我们只想拥有而不想给予，那将是一个自私的人，而自私的人是不会拥有真正的朋友的。主动的去帮助对方，并且不要拒绝朋友的帮助，人是越帮忙越近，越不好意思越远。

互赖。互赖包括：互相依赖、互相信赖。“人”字本身就是一撇、一捺互相依靠，互相扶持。

分享。分享是一种最好的建立人脉网的方式，你分享的越多，你得到的就越多。世界上有两种东西是越分享越多的：智慧、知识、力量。你分享的东西对别人是有用有帮助的，别人会感谢你；你愿意向别人分享，有一种愿意付出的心态，别人会觉得你是一个正直、诚恳的人，别人就会愿意与你做朋友。

在建立你的价值在盘点人脉关系前，冷静问问自己：你对别人有用吗？你无法被人利用，就说明你不具有价值。比如说，职业规划无非是提升你的“被雇佣价值”我的另一半应该在天平的另一边，我有多重，她就会有多重，我有多少价值，她就有多少价值，所以，你越有用，你就越容易建立坚强的人脉关系身边一位30岁的未婚青年这样对我说：“我要先提高自己的价值，这样我才能找到一个同样价值的老婆，我对老婆的要求就是我对自己的要求。”当你用架好了一个空的博客，会立即去做宣传吗？我想不会有人这么做的，因为建立人脉并不是搞慈善活动。

向他人传递你的价值世界第一的推销员乔杰拉德在台湾演讲时他把他的西装打开来，至少撒出了三千张名片在现场。他说：“各位，这就是我成为世界第一名推销员的秘诀，演讲结束。”然后他就下场了。一个老好人，固然有趣但毫无用处，但一个总不愿被人利用的精明人，也难以建立真正的人脉关系。在人际交往中，要善于向别人传递你的“可利用价值”，从而促成交往机会，彼此更深入地了解和信任对方。

向他人传递他人的价值，成为人脉关系的一个枢纽中心你很有价值，你身边也有很多朋友各有自己的价值，那么为什么不把他们联系起来，彼此传递更多的价值呢？如果你只是接受或发出信息的一个终点，那么人脉关系产生的价值是有限的；但是，如果你成为信息和价值交换的一个枢纽中心，那么别的朋友也更乐意与你交往，你也能促成更多的机会，从而巩固和扩大自己的人脉关系。所以，寻找并且建立自己的价值，然后把自己的价值传递给身边的朋友，并且促成更多信息和价值的交流，这就是建立强有力的人脉关系的基本逻辑。

在美国，有一句流行语："一个人能否成功，不在于你知道什么，而是在于你认识谁。"在当前十倍速知识经济时代，人脉已成为专业的支持体系。对于个人来说，专业是利刃，人脉是秘密武器，如果光有专业，没有人脉，个人竞争力就是一分耕耘，一分收获，但若加上人脉，个人竞争力将是一分耕耘，数倍收获。因此，开发和经营人脉资源，不仅能为你雪中送炭，在"贵人"多助之下更能为事业发展锦上添花。

熟人介绍：扩展人脉链条

根据美国人力资源管理协会与杂志社共同针对人力资源主管与求职者所进行的一项调查显示，95%的人力资源主管或求职者透过人脉关系找到了适合的人才或工作，而且61%的人力资源主管及78%的求职者认为，这是最有效的方式。前程无忧网也曾经做过"最有效的求职途径"调查，其中"熟人介绍"被列为第二大有效方法。

所以，根据自己的人脉发展规划，可以列出需要开发的人脉对象所在的领域，然后，就可以要求你现在的人脉支持者帮助寻找或介绍你所希望认识的人脉目标，创造机会采取行动。

参与社团：走出自我封闭的小圈子

想要扩展公司、单位以外的人脉，扩大交友范围，借助"虚拟团队"的力量很重要，即通过社团活动的开拓来经营人际关系。在平常，太过主动接近陌生人时，容易引起对方的反感，会遭到拒绝，但是通过参与社团活动，人与人的交往将更加顺利，能在自然状态下与他人建立互动关系，扩展自己的人脉网络。而且人与人的交往，在自然的情况下发生往往有助于建立情感和信任。

如果参加某个社团组织，最好能谋到一个组织者的角色，理事长、会长、秘书长更好，这样就得到了一个服务他人的机会，在为他人服务的过程中，自然就增加了与他人联系、交流、了解的时间，人脉之路也就在自然而然中不断延伸。

利用网络：廉价的人脉通道

一位在一家中型企业做销售部经理的朋友，闲暇时间喜欢上网，而且建立了自己的博客，一有时间就将自己在商场打拼的体会、经验、教训、甘苦贴在网上。有一次，在浏览博客网页时，他发现一篇很精彩的文章，读完之后，发表了自己的读后感以及对文章的肯定和赞美。

这样一来二去，他和作者建立了很好的“文缘”，四个月后，他们相约见面，交谈甚欢，对方邀请他到他的企业去工作。原来，这位网友竟然是朋友所从事的行业中第二大企业的老板。现在，他已是这家企业主管营销的副总经理。由于他们在网上不设防的交流，对对方的价值观、爱好兴趣、处事能力等已经有了比较透彻的了解，所以，他与老板相处得很融洽。他还利用网络在全国十五六个城市结交了20多位知心的朋友，此举大大促进了他业务的开展，人脉资源的延伸取得突破性的进展。

处处留心皆人脉：学会沟通和赞美

想为一名成功的人士，要善于学会把握机会，抓住一切机会去培育人脉资源与关系。

参加婚宴，你可以提早到现场，那是认识更多陌生人的机会；

参加活动，要多与他人交换名片，利用休会的间隙多聊聊；在外出旅行过程中，善于主动与他人沟通等。

美国钢铁大王卡内基，在1921年以100万美元的超高年薪聘请夏布出任CEO。许多记者问卡内基为什么是他？卡内基说："他最会赞美别人，这是他最值钱的本事。"卡内基为自己写的墓志铭是这样的："这里躺着一个人，他懂得如何让比他聪明的人更开心。"可见，赞美在人脉经营中是多么重要。

在公司内部，要珍惜与上司、老板、同事单独相处的机会，比如陪同上司开会、出差等，这是上天赐予的强化人脉的绝佳良机，千万不能错过，做好充分的准备，适当表现。

创造机会A在合资公司做白领，觉得自己满腔抱负没得到上级的赏识，经常想：要是有一天能见到老总，展示一下自己的才干就好了。同事B也有同样的想法，他主动打听老总上下班的时间，算好他进电梯的时间，刻意去守侯，希望有机会遇到老总，打个招呼。同事C更进一步，他详细了解老总的奋斗历程，弄清老总关心的问题，精心设计了简单而有分量的开场白，算好时间乘坐电梯，跟老总碰过几次面，交谈了几句，终于有一天有机会跟老总长谈了一次，不久就争取到更好的职位。

A、B、C各自的人脉经营经历告诉我们，愚者错失机会，智者善抓机会，成功者创造机会。机会只给准备好的人，"准备"二字并非说说而已，更要的是要去"做"。据说，日月光半导体的总经理刘英武当初在美国ibm时，为了争取与老板碰面的机会，每天都观察老板上洗手间的时间，并且选择在那时去上洗手间，创造与老板互动的机会。织梦好，好织梦大数法则"大数法则"的核心是：观察的数量越大，预期损失率结果越稳定。是保险精算中确定费率的主要原则。把大数法则用在人脉关系上，就是结识的人数越多，预期成为朋友的人数占所结识总人数的比例越稳定。所以，在概率确定的情况下，要做的工作就是结识更多的人，广泛收集人脉信息，有效运用大数法则来推断分析，评估人脉关系的进展以及存在的问题，从而制订相应的对策，不断改进方法，广结人缘。

法国亿而富机油前总裁，每年都定下目标，要与一千个人交换名片，并跟其中的两百个人保持联络，跟其中的五十个人成为朋友。他遵循的就是大数法则。其实，职业和事业上的贵人就在身边，关键是要有人脉资源经营的意识，用心寻找，用心经营。

人脉网络是猎头借重的重要工具，往往一些职位的人选都是经过圈内的朋友推荐得来的。因此，求职者除了自身和猎头建立良好的私交外，还需要注意建立自己的人脉网络，树立起在行业内的口碑，这样的话，行业里的朋友在猎头向他们咨询有没有适合的人时，会第一个想到你。

2. 改变永远不晚

了解别人很容易，了解自己很难。就像我们每个人都经常是看别人很清楚，但却很难看到自己一样，所以说，一定要有一面镜子来反照自己，才能如实的看到自己，了解自己。

了解自己应该做到以下几个方面：第一，要知道自己的心中有什么。检查一下自己的内心，看看里面都有哪些内容。是贪爱，是怨恨，是嫉妒，是疑惑，还是其他什么？这些东西如果让我们痛苦，让我们莫名的烦恼，那当然就要排除掉。如果内心是一些善良，真诚，自然就应该保留。第二，要知道自己的耳朵听到了些什么？一般人的耳朵都喜欢并有意的去听别人的恭维和是非，甚至是当听到了别人的不好或坏话时，还会幸灾乐祸落井下石。再或者，一旦听到别人对自己的批评和不是，就开始沮丧、懊恼、伤心、痛苦。所以，留意一下我们的耳朵都听到了些什么吧，能够做到会听、善听、兼听喝谛听，并会摘取他人讲话的精华和重点的人，才是真听。第三，要知道自己的双手可以做什么。你可以试着去了解自己的双手，看看它们可以做些什么内容。第四，思考一下自己的日子应该过些什么。自己了解一下自己，想想每一天的日子都是怎么过的，每一年的日子又是什么样的。无论过什么样的日子，都是有着原因的。假如你经常可以做到思考，从中反思自己的经验，那么你会越来越自我了解、自我放下，慢慢的，你的人生也就会越来越好。

就像观察别人一样观察自己，从细节做起，开始了解自己：第一，自我反省。第二，听听你周围的同事或朋友是怎么评价你的。第三，问一问最了解你的父母你的长处和短处是什么。第四，问问那些可能会告诉你你的不足的人。第五，把收到的回馈做一个总结，然后归纳出最终的你。

当然了，了解自己是为了实现自我、超越自我和成就自我。了解自己本身是一个很难的过程，一个人可能一辈子都无法做到真正的了解自己，只能是尽力而为。自我本身就是一个生理我和一个后天自我的综合体，其中有着很多的遗传因素，有些是科学上都很难解释的东西。后天环境的复杂性以及自我认知的复杂性，都会使得先天的自我在不断的改造和发展着，所以了解自己也必须是个长久的发展变化过程，自然也就没有时间上的早晚之分。

就像韩颖所说的那句话，人生什么时候改变都不会晚。

韩颖原来是在石油总公司工作，很不错的一份工作，但是，她却在自己34岁那年，面对着各种异议，丢掉了铁饭碗，正式加入了惠普（中国）公司，开始了在惠普财务部的工作。

那是在20世纪80年代的末期，公司里的员工都还没有工资卡，单位里每次发放工资都需要由两个人手工来完成。其中一个同事负责点钱，而韩颖便负责核实。300多个人的工资，由于当时还没有百元面值的人民币，厚厚的一大沓钞票，一个一个的核实，着实会让她数到头晕眼花。韩颖暗自在想，每年每月都要如此这样发工资，既浪费时间，又很容易发生差错，能不能有好的解决办法呢？

在某一天紧张的工作结束后，下班的时候，韩颖已经累得疲惫不堪。在她路过公司附近的一家银行时，她突然脑子里闪过一个想法。第二天一大早，韩颖便找到了银行负责人协商，希望银行可以为公司300多人开户，然后每月的工资直接存到银行，员工凭存折领取工资。

在韩颖与银行详细交谈后，事情初步达成了协议。

很快，在第二个月发工资的日子，韩颖兴奋地在财务部外面张贴了一张告示，告示每位员工今后领工资都不用排队等候了，直接拿着存折，去单位下面的银行领取就可以了。

事情的发展并不像想象的那么顺利，员工的不满和领导的不满都表现了出来。就在韩颖反思是不是自己真的做错了什么的时候，上层领导的意见传了下来，韩颖得到了赞许和肯定。那一天，成为了韩颖职业生涯的一个转折点，她因此被评为惠普公司的年度优秀员工。在大会上，韩颖意气风发的说道："永远不要害怕改变，改变里隐含着契机，它会让你成熟，让你更加了解自己，知道自己的能力极限。只要你是一只绩优股，投资者总会认识你，认可你，并且还会长久地支持你"。现在，让我们再来看看韩颖的人生履历表吧。她15岁下乡，24岁的时候被招工回城，分配在天津渤海石油公司做汽车修理工。每一个轮胎基本上都与她的肩膀同高，累得她筋疲力尽。每天回到家，她还都抓紧时间学习会计专业知识，并且还因为业绩突出被调入到了中国海洋石油总公司工作。

27 岁的时候，她进入了厦门大学开始学习西方会计专业，在三年的学习期间，她还自己编译了一本大概140万字的英汉、汉英双解会计专用词典，这在当时是国内的第一本西方会计工具书。

在她34岁的时候，她才进入到惠普（中国）公司，38岁的时候出任公司中国区的财务经理，41岁的时候任公司中国区首席财务官和业务发展总监，47岁的时候当选亚洲最佳CFO，并且还成为英国著名杂志《ASIACFO》的封面人物，被该杂志评为“亚洲CFO融资最佳成就奖”，是该奖项自设立以来第一个获得该奖项的中国人。

韩颖的这些经历都说明，其实什么时候起步并不是最重要的，只要开始行动，永远不晚。比如历史上的姜太公。

由于年代太过于久远，姜太公姜尚的生卒年份已经不详。有人说他活了100岁，但这种说法毕竟只是个传说而已。不过，说他是大器晚成绝对是没有问题的。他的大器晚成很有代表性，也很有传奇性，可能现实生活中，现代社会里，没有几个人能有这样幸运的好运气，但，自己的实力也确实是至关重要的一个方面。

据说姜尚在年轻的时候，曾经在商都朝歌（现代的河南淇县）宰牛卖肉，随后又到孟津做卖酒生意。他虽然家境贫寒，但是胸怀大志，学习异常勤奋，始终不倦地研究、探讨一些治国兴邦之道，希望自己有朝一日能够大展宏图，效力国家。可是，就这样日复一日年复一年的生活到了自己的暮年时光，在这个时候，他才遇到了施展才华的机会。姜尚在辅佐周文王期间，他为强周灭商制定了一系列的内外政策，经过时间的验证，这些政策都是正确的。在周文王死后，周武王继位，拜姜尚为国师，并尊称为师尚父，由姜尚继续辅佐周国朝政。在武王十一年的时候，武王举兵伐纣，并且在牧野大获全胜。周朝建国之后，姜尚由于灭商有功，被封于齐国。

在中国有句话是说“太公八十遇文王”，当然，这句话可能会有些夸张，但是姜尚72岁才被拜为国师，倒是有一定的可信度。无论是八十遇文王，还是72岁拜相，姜尚的故事都足以勉励每一个人。

猎头

过去在我国民间广泛流传的《三字经》中描述过这样的一则故事，讲的是北宋大文学家、《六国论》的作者苏洵青年时代的故事。“苏老泉，夺七十，始发奋，读书籍”。

据说在苏洵年轻的时候，读书不努力，整日就是糊里糊涂的过日子，还经常和一帮“狐朋狗友”们出去赛马、游山玩水等，一直到自己二十七岁的时候才有所觉悟，觉得自己得开始发奋学习了。学习了大概有一年多的时候，他自以为自己已经学得差不多了，就去考进士，结果没有考中。直到这时，他才意识到学习并不是一件很简单的事情，要想得到成果就非得下苦功夫不可。从此，他谢绝所有宾客，闭门攻读，夜以继日，手不释卷。这样坚持了五六年的时间，苏洵终于文才大进，下笔如有神，顷刻数千言。

在仁宗嘉佑元年，苏洵带领苏轼、苏辙到汴京，谒翰林学士欧阳修。欧阳修很是赞赏他的《权书》、《衡论》、《几策》等文章，欧阳修认为他的文章可以与贾谊、刘向等人相媲美，于是欧阳修便向朝廷推荐。一时间公卿士大夫便争相传诵，苏洵的文名因而大盛。在嘉佑三年，仁宗召苏洵到舍人院参加考试，苏洵推脱身体有恙，未应诏。到了嘉佑五年的时候，苏洵已经52岁，才任秘书省校书郎。

古代也好，现代也好，大器晚成的人比比皆是，年龄的大小并不是根本原因，只要你有目标，认准了自己的梦想和目标，随时随地的出发和改变都是通往成功道路上的强大助力。

3. 有关注才有价钱

关注，在字典里被解释为关心重视。或者是用眼睛去看待某人某事，也或者是用实际行动和用心去对待某人某事。首先来看一下第一个层面的被人关注。最基本的关注往往是视觉上的刺激，虽然这种刺激只能是短期的，或者仅仅只是单纯的一种改变，但却是不容忽视的。或者经常更换衣服，或者更换造型，这都是基本的可以明显引起人们关注的点。其次，是第二个层面的关注。

一个人的价值所在其实是被别人肯定和体现的，看看在你周围关注你的都是些什么样的人，换句话说就是，你有没有赢得你周围的人足够多的关注。只有当别人认识到你，关注到你，并认可了你，你的价值才会或多或少的体现出来。

想要成为一名成功的人士，一定要善于学会把握展示自己那些被关注点的机会，比如参加宴会，你可以加入到组织者的行列中，通过做相关的一些事情表现出自己的能力点，同时也可以让更多的陌生人有机会关注到你，又或者在其他集体组织活动中，积极的表现出自己所能做到的各个方面。

很多人都很熟悉的美国的钢铁大王卡内基，在1921年的时候，以100 万美金的超高年薪聘请了夏布出任CEO。当时有很多记者都提问卡内基这么做的原因是什么，卡内基回答说，原因就是他最会赞美别人，这是他最为值钱的本事。卡内基在他为自己所写的墓志铭中这样写道：“这里躺着一个人，他懂得如何让比他聪明的人更开心”。

其实，在当你让别人开心的同时，你已经被别人所关注，根据你让对方开心的程度不同，你的被关注程度也有所不同。在任何一个单位，都要珍惜与上司、老板和同事之间交流相处的机会，这些机会都是上天所赐予你的很好的良机，千万别错过，要做好充分的准备，适当的表现出自己的特点，获得别人的关注。

小新在某一个合资公司做白领，感觉自己满腔的抱负没能得到上级的赏识，于是他经常想，要是有一天能够亲自见到老总，展示一下他的才华就好了。

拥有同样想法的还有小新的另一个同事小杨，小杨总是主动去打听老总上下班的时间，然后计算好老板上下电梯的时间，小杨刻意去电梯口守候，希望可以有机会碰到老总，打个招呼，迈开展示自己的第一步。小新和小杨共同的一个同事王某则更进一步，他详细地了解了老总的奋斗历程，弄清楚了老总所关心的问题，精心设计了一份看似简单但实则很有分量的开场白，同样计算好时间乘坐电梯，在他跟老总碰过几次面之后，也交谈了几句，终于有一天王某有机会跟老总长谈了一次，很快，王某便争取到了更好的职位。

他们三个人的经历分别告诉我们，愚者习惯于错失机会，智者善于抓住机会，成功者便会创造机会。机会只给准备好的人，这“准备”二字并非简单的说说而已，更为重要的是去“做”。据说，日月光半导体的总经理刘英武在当初于美国读IBM时，为了争取能有一次与老板碰面的机会，每天都会观察老板上洗手间的时间，然后选择在合适的时间去洗手间，创造与老板互动的机会。

总体而言，便是积极创造机会让自己认识那些对自己比较重要的人物，然后在这个机会里积极踊跃的展示自己的能力和才华。

我们来看一个一开始并不起眼，也没被人关注的人，结果却成为很多人所关注的焦点的人物故事：

罗红，最初只是一个很普通的人，瘦瘦的个子，带着眼镜，高挑的身材，伶牙俐齿的嘴，没有什么特别引人注意的地方，也很难给人留下更多的深刻印象。可是，在2009年，她却成为了行业内的年度人物，原因很简单，就是她被很多的人所为关注，是关注为她带来了改变。

从2006年开始，由于某种原因，某网站的某个论坛开始正式上线。那是一个专业性极强的网站论坛，一般关注的人基本上都是专业内的相关人士，关注者并不是太多。经过了一年的发展时间后，也大体出具了一定的规模，开始准备筹划一些活动，渐渐地，罗红这两个字被越来越多的人所关注，随着关注度的提高，一个人的价值也就随之体现了出来。现代社会一些网络歌曲的流行，网络文化的泛滥，网络红人的热度其实都是由关注所引发出来的。有人给你关注，给你动力，往往这样才会催生你的成功。

有位过完80岁生日的老人，在公园等人下棋的时候，碰到了一位画家，两人在交谈中，画家得知了老人靠下棋来打发日子，于是就建议老人说不如学习绘画。老人说：“可是我连画笔怎么拿都不知道，怎么能作画呢？”画家说道：“你看可以去试一试啊？不试的话，你怎么知道呢？”老人想了想，觉得很有道理，于是，就去一试，结果，这一试，老人从此便与绘画结下了不解之缘。几年过后，老人便成了美国著名的画家，这个人就是哈里利伯曼。

类似于这样因为别人的关注而成功的事情时有发生。张复泉，一个被载人《世界书画艺术家名人》的歌唱演员。

1936年，张复泉出生在菲律宾的华人家庭里。在他7岁那年，张复泉跟随着父母漂洋过海的回到了故乡—中国福建。回国不久，他的父母因病先后去世，剩下了他们姐弟三人开始了与外祖母相依为命的生活。

小学毕业后，张复泉考上了由英国人创办、孙中山题写校名的著名学府培元中学。50多年后，张复泉作为著名书画家，被列入了培元中学的百年名人录。依靠着甲等助学金，张复泉完成了初中学业，并且还由于他会吹笛子，成为了学校的文艺委员。在他17岁那年，张复泉身在海外的舅舅突然就停止了对他们的经济支援。一下子没有了收入的外祖母只好靠着变卖首饰甚至是家里的水管来维持日常开销。面对如此拮据的生活，张复泉再也不忍心拖累年老的外祖母，于是，他带了件旧棉袄，和家人不辞而别。张复泉对自己的出走记忆犹新。就这样，张复泉成为了铁道兵青年志愿筑路队的其中一员，他开始奔波于崇山峻岭之间。艰苦的筑路工作消磨着很多人的热情，但是却激发了张复泉的韧劲。

刚到部队时，张复泉的闽南口音成为了大家的笑柄，几乎引起了所有人的关注，这种关注下的"嘲笑"成为了他的压力，张复泉存钱买了一个半导体的收音机，趁着夜深人静的时候，他偷偷地跟着广播练习发音。渐渐地，战友们都惊奇的发现，张复泉的普通话越来越像模像样了。后来，在一次全军的文艺汇演中，张复泉代表他们筑路队表演了笛子独奏，获得了一等奖。因为这次出色的表演，19岁的他被调入到了铁道兵文工团。

在吹了两年笛子后，张复泉被领导叫去谈话，由于他的形象出色，被领导调为歌唱演员。听到了这个安排，张复泉伤心了好长时间，因为他根本就不会唱歌。这种极不自信的状态一直贯穿着他的演唱生涯，无论台下准备得有多么充分，只要一上台，他依然会表现的异常紧张，嗓音干涩，可以说每次演出对他而言都是一次很严重的心理考验。在这段灰暗的日子里，张复泉并不是一无所获的，文工团四海为家的表演生活，使得他有很多机会饱览了祖国的壮丽河山，这些美景或印在了他的脑子里，或被他素描了下来，这些都成为了他日后艺术创作的绝佳素材，并且他还认识了国家一级歌唱演员，原铁道兵文工团著名独唱演员王珍，最后两人成为了执子之手与子偕老的人生伴侣。

1985 年，张复泉为了照顾妻子如日中天的事业，他主动要求“隐退”，成为了居家型的男人。在所谓的居家日子里，张复泉重拾笔墨，说是开拓自己的第二事业也好，说是兴趣使然也罢，总之，张复泉又开始了续写自己与绘画的缘分。

说到这种缘分，其实也是源自张复泉的一个好朋友的建议，他也是由于朋友的建议开始学习绘画的。艺术本身就是相通的，张复泉把书法和音乐中的艺术相互理解融合到了绘画中，从最初的临摹他人作品，到经常去美术馆参观，张复泉的痴迷状态打动了美术馆的馆长，还有著名画家董寿平、钟灵、武中奇等都曾经先后指导过张复泉。

大家不时的关注和帮助，使得张复泉的书画越来越像模像样。他不分昼夜的苦练，常常一站就是十个小时，一支支毛笔被练秃，不大的房间每天都铺满用来练字的报纸。他的付出与辛酸是常人所无法比的。十年磨一剑。1995年，张复泉的书法作品

《驰》获得了“骏隆杯”华人书画作品艺术大奖赛金奖。1997年，他被16个国家和地区书画艺术单位联合授予了“世界书画艺术名人”的荣誉称号。

被人关注，被人肯定，被人激励，你便有可能获得成功，收获你意想不到的一些成绩，反正，当你被人关注，而不是被人肯定，是被人漠视，被人看不起的关注时，其实也是有价值的，是一种刺激，是一种促使你改进进步的时机。所以说，不管别人是以什么样的眼光和评价来对待你，所有的关注都是有意义的，也同样都有着不容忽视的价值。

4. 自己动手卖掉自己

一位哲人曾经说过："如果你具有优异的才能而并没有把它表现在外面，这就如同商人把货物藏在了仓库，顾客根本就不知道你的货色，你怎么能让他掏腰包购买呢?"

也许你是一个聪明睿智的人，也许有着足够的胆识和谋略，但是，如果你不走出来，那么你的一切努力也许只有你自己才知道，你也只能是默默付出。现代社会是一个追求效益的时代，让别人看到你的存在，看到你的成绩，看出你的能力，才有可能有一些意想不到的收获，尤其是你要让别人注意到你，肯定你。然而中国人中有很大一部分还是很注重谦虚的品质，还会受到那句"酒香不怕巷子深"的影响，习惯于把含而不露当作是一种美德，不会太明显的把自己的优点和成绩及才能主动的说给别人，而总是希望别人可以来发现。无论自己有着多么渊博的知识，多么惊人的才华，也常常用"才疏学浅"来形容自己。总而言之，相对而言，中国还是有着不敢"炒作"自己，也不愿"炒作"自己，而是被动等待"伯乐"来发现的这样一个弊端。

早在古代，我国其实就有这样一句话，说"千里马常有，而伯乐不常有"，现代社会依然这样，很有可能一辈子也遇不到一个伯乐，如果你再不自己推销自己，那岂不是会一辈子都没有了出人头地的机会？所以，在这个人人争夺各自生存空间的社会背景下，不要总是指望别人会把机会送到你的跟前，而是要主动站到台前亮相，充分地展示你自己并且要适时的推销你自己，只有这样，你才能有成功的机会。

有一个年轻人总感觉在生活中处处都不顺心，在单位里干了好几年也没有得到什么提拔，他看不到自己的发展前途，于是便认为自己是怀才不遇，因此他牢骚满腹。

一天，他正在河边散步的时候，遇到了一位老者，他走上前去问那位老者：“像我这样有能力的人，为什么总是遇不到伯乐呢?”

老者听完年轻人的话后，笑了笑，没说什么。老者从脚下的沙滩上捡起一粒沙子，看看年轻人，问道:“你看清楚这粒沙子了吗?”说完便顺手把这粒沙子扔到了沙滩上，对年轻人说:“你去，把刚才那颗沙子捡回来，然后我就告诉你答案。”

年轻人有些不解：“沙滩上的沙粒都一模一样的，我怎么可能找到刚才那颗沙粒呢?”

这时，老者从自己身上掏出了一颗珍珠，一下子又把珍珠扔到了沙滩上，老者对年轻人说：“你能把那颗珍珠捡回来，我就告诉你答案”。

这一次，年轻人很容易的便把那颗珍珠捡了回来，并归还给老者。年轻人很高兴地说“这回你可以告诉我答案了吧”。

老者笑了笑，然后语重心长的对年轻人说：“你知道为什么你找不到那颗沙粒，但是却能很轻松的找到这颗珍珠吗?”

年轻人思考了一阵后顿悟了，从此以后他不再怨天尤人，而是在自己的工作岗位上认真努力工作，并且总是不断地给自己充电，希望他有朝一日可以做出成绩，得到别人的赏识。

其实，生活中，我们绝大部分的人就像是沙滩上众多沙粒中的一粒，极其普通，或许永远也不会被别人发现，其实，之所以很难被发现，也很难被委以重任，或许正是因为我们的能力还达不到别人对自己的要求。但是往往有很多人并没有意识到这样的事实，所以说一味的抱怨没有伯乐，不是明智之举，重要的是学会自己做自己的伯乐。在遇到机会之前，先练好“内功”，完善自己，在被他人赏识之前，先来挖掘自身的潜质。如果能够做到认识自己，推销自己，那么将会比较容易的从熙熙攘攘的求职者中脱颖而出，这样的“千里马”又怎么会找不到用武之地呢？

现代这个社会创意总是层出不穷，每个人都在极力的推销自己，极力全力展示自己的个性，比如在T恤衫上印上自己的名字或个性话语，千万不要小瞧这种方式，拿北京举例来说，如果你曾在上下班高峰期乘坐过北京的地铁，那么你一定会知道能有多少人会看到你的个性T恤衫了吧。再比如参加某种会议或聚会的话，记得尽可能多的派送出你的名片，或许在哪个不经意的时刻，就会有人联系你了。再或者充分利用网络，博客、微博、论坛等等都是推销展示自己的好方式方法。只要尽可能的多有一些创意，其实生活中隐含着很多简单而且毫不费力的宣传推销方式。

生活是由一系列不断变化的场景所组成的，从来没有两段会是完全相同的经历，也没有两个完全一模一样的人。这就使得我们有必要去适应那些想法与做法都与我们迥然不同的人和事。成功取决于我们能否通过日常正常接触而达到更好的与他人沟通的目的，而不会产生任何的摩擦和对立。

每个人都在不断的推销自己。不管你是谁，在每当你遇到什么人，向别人解释什么问题或者和别人通电话提出自己的观点之时，其实你已经就是在推销你所拥有的那笔最为宝贵的财富了，而这份财富正是你自己。

一个人为了说服另一个人同自己合作而做的任何形式的努力都可以称做是推销。每个人的一生也都可以被视作是一次长期的不间断的推销。珍贝尔特兰（Jean Beltrand）曾给推销下了很正式的定义：推销是让他人了解你的信念、产品或建议，使其产生拥有某种特权和机会，拥有某些物品或者某种利益的愿望的能力；推销是专业人士或者公众人物通过向人们提供某种服务、协助和合作，让人们给予其相应的报酬，并对其加以认可和赞誉的能力；推销是通过自己的礼貌和和善可亲、考虑周到的行为举止，使得遇见自己的人更愿意敬重你，喜欢你；推销就是让别人愿意为你的任何成就而衷心喝彩的一种能力。总而言之，推销是一门艺术，它能够使人产生动机，从而做出有利于推销者的行为。无论从事什么样的工作，每个人都是推销者，无论你是谁或者有多么了不起的博学，如果不会推销自己，那么你依然有可能不会成功，因为推销自己无处不在。

推销自己，要靠自己。自我暗示是一种内在的自我驱动。通过这一原理，你可以将一个想法或者计划或者是概念和信心烙印在自己的潜意识里。让你自己的潜意识向别人传递信息的时候只传递那些积极有效的信息，这样重复的对自己的潜意识进行积极的暗示是会有着意想不到的效果和力量的。

如果你曾经有留意过这样一种现象，你会发现，在有些时候，即便你一言不发，你的情绪也很有可能在影响着周围的其他人。你应该知道你的潜意识思维其实就像是一台广播发射塔，它会随时随刻的把你的想法和信心传递给其他人，如果你清楚这一点，那么你就一定能知道，在向别人成功推销你自己的同时，你必须先教会你的潜意识向你的目标对象传递你的信心。

影响潜意识的最为有效的一种方式方法便是运用积极肯定的方法。积极肯定就是清楚的阐述自己想要做出哪种改变的一段话。如果说这段话能够充分体现出你的自信，并且你也能不断的对自己重复这段话一直到这样的一个想法习惯成自然，那么此时你就已经完成了你自己想要的那种改变了。

大部分人所熟悉的体现了肯定法运用的一段话是这句“在每一天，在各个方面，我都已经做到越来越好了”。这句话是由法国的心理学家艾米勒库埃所提出来的，他创办了一家专门为癔病患者所开办的诊所（癔病患者其实他们本身并没有病，但是他们却认为他们患病了，更为甚者可能会会出现相关的一些症状）。运用这样积极向上的力量来对自己进行自我的暗示，增强自己的信心，不失为一种更好的推销自己的方式。

有位作家曾经做过这样的一个比喻，他说：“做完蛋糕后一定要记得裱花。有很多蛋糕卖不出去其实并不是因为它们不好，而是由于它们做得不够漂亮。如果在上面涂满了奶油，再裱上美丽的花朵，人们自然就会喜欢，就会购买了。”这就是极为形象的“卖掉自己”的一种形容。尽早的为自己搭建一个平台吧，争取能在有限的时间和空间里百分百的展现自身的实力，呈现出一个真实的、最好的自己，把自己的价值卖到最优！

5. 面试，展示非凡的你

面试，是很多人需要面对的寻找工作的必经之路，也或者是一个人在一生中不同时期所要面对的一个问题，从建立简历到参加面试，其间有着各种各样的情况，如何才能更好地展示自己，表达自己，这是很多面试者随时都有可能面临的问题，先来讲述一个让戴尔中国总部的人力资源经理印象深刻的案例吧。有这样一份由五个学生一起共同写的履历，他们在履历上面写得很清楚，说他们不是要找五个实习岗位，只是想要呈现他们每一个人在团体中所擅长扮演的角色。这样的形式，让他们五个人的专长跃然纸上，有的人是团体里的“点子王”，有的人善于掌控细节，有的人负责转化与整合，而他们为争取实习机会所表现出来的那种创意和团队的合作精神，在一份共同履历里强烈的展现了出来。可见现代求职者对于面试所做的功课是越来越多，可是，即便如此，依然还是会有很多的面试者最终是以失败收场的，来看一下猎头对于面试失败的状况所做的总结吧。

案例一：目标太高，难以实现

在大学里学习国际贸易专业的同学小陈，毕业后，他的父母为他在老家谋得了一份待遇比较优厚的工作，但是，小陈一直梦想着自己可以做一个大牌商人，于是，他和同学商量好后结伴到了某个省会城市，希望可以找到更好的发展机会。刚一开始，小陈找工作的时候，不仅仅把目标职位定的很高，而且还要求工作要有巨大的发展潜力，甚至还想要是世界500强企业。在这样的职业目标下，小陈把简历投出了30多份，收回的回应也只有两份，并且这仅有的两个机会，也在面试后杳无音信。面对着这强手如林的职场，小陈越来越茫然了，面对着身上的钱已经花费掉了一半，他开始有些着急，是回老家还是继续在大城市漂泊，他进退两难。

猎头点评：找工作要实际一点。首先应该将自己的才智和精力投入到新的工作中去，通过不断的学习来提高自己的工作能力，一直到这个职位真的不能够再满足自己，然后再通过更高级的职业技能做跳板，寻找一份更好的工作。

猎头建议：设计一份适合自己的求职方案。求职者首先要清楚面试公司的用人要求，明白自己所存在的不足，然后扬长避短、趋利避害，设计出一份适合自己的求职方案，这样才会增加成功的几率。

案例二：反复跳槽容易屡屡受挫

小崔是学计算机的，刚一毕业，便到某家公司干了3个月，他感到这家公司的销售业务量大，技术工作量比较小，自己在这里学不到太多东西，于是跳槽到了另外一家软件公司，结果在新的公司，小崔是工作上拿不下，技术上跟不上，质量和进度都不能够满足单位的要求，后果可想而知，小崔被领导炒了鱿鱼。2个月后，小崔又找到了另外一家公司，这家公司的业务很是丰富，这点倒是很符合小崔的要求，可是公司内有很多的做事风格及习惯，小崔实在是看不惯，特别是一些单调重复的工作，紧张而疲惫的加班和沉闷压抑的气氛更是让小崔有了想要离开的念头。

猎头点评：不要“这山望着那山高”。有些人自恃自己能力高，觉得现在的工作队自己来说有些屈才，在刚进到某单位的时候就开始想着要跳槽，结果跳来跳去，最后发现还是自己原来的“山头”最高。这个时候需要懂得平衡自己的心理，抱着一颗平常心，别一窝蜂的扎堆，要注意选择与自己相匹配的职位。职业规划其实就是找到最佳匹配点及未来各阶段的发展平台。

猎头建议：学会取长补短。一般老板喜欢的类型是具有一定专业知识特长，思路开阔，善于与人合作的人才。从第一天上班工作开始，就应该学会锻炼自己各个方面的能力，取长补短，并且还要保持一种谦虚的心态，虚心、耐心、热心和诚心，这是必备的基本素质。

案例三：为什么总是在面试上失败

小佳性格比较腼腆，尤其是在见到陌生人的时候，用她自己的话说就是，当她见到面试的领导时，心里便会如履薄冰，手和脚都不知道该放在什么位置，头也不敢抬，眼睛也不太看人，习惯于低着头在那儿等着过关，有些问题本来是在平时能对答如流的，但在面试的时候却变成了脑子一片空白，甚至还会出现答非所问的现象。以至于小佳每次去应聘都输在了面试上，尽管回去后懊恼不已，也经常自责，但越是这样，就越会影响到她下一次去面试时的心态，随着面试失败的经历越来越多，小佳于无形中产生了自卑心理，慢慢的她完全失去了信心，变得再也不敢投递简历。

猎头点评：自卑心理是个大敌。当然，自信心不足的原因有很多，一般来说主要还是心理因素造成的居多。

猎头建议：对于缺乏自信的求职者来说，最好的办法就是把自己的优点全部集合起来，一一列举，形成一个优势。记录下来要说的重点，然后进行场景训练和演绎。所谓优点，就是任何能够运用的才干、能力、技艺与人格特质，这些优点既是求职者能够有所贡献继续成长的要素，同时也是竞争的法宝。求职者在阐述自己的优势时，勇气很是重要，要敢于拉下所谓的面子，想尽办法去争取机会。

案例四：执著追求梦想也未必就一定能成功

小李在考研的时候专业成绩不错，外语只差了1分，面对如此的遗憾，小李自觉自己还是有一定实力的，于是，他决定要考公务员，但是，他连续参加了三年的公务员考试，总没有上线，他的公务员梦最终还是没能实现。

小李的这股执著劲儿也表现在了找工作上，他一心想要从事与自己所学专业相关的工作，尤其是大公司、大企业里的管理类岗位，其他的岗位都不在他的考虑范围之内。他一边执著于自己的找工作，一边不甘心放弃他的公务员之梦，就这样，上不上下不下的，小李被吊在了半空中。

猎头点评：追求梦想也要量力而行。现代年轻人择业往往有一个盲点就是把事情理想化。现代企业的用人观念已经转变，即便是管理层人员的任用也都重视从基层选拔，基本没有单位会轻易录用一个未从基层做起，而直接是中层的人员的。

猎头建议：从工作中寻找机会。每个工作都有他好与坏的两个方面，要学会平衡和知足，同时也要记住别在同一棵树上吊死。如果不能够直接实现你自己的既定目标的话，也可以考虑一边工作，一边寻找新的机会，这也是为今后的求职在做充电准备。

以上是几个面试失败的案例及相关分析，下面是一个成功通过面试的非典型性案例：有某个大型公司招聘人才，经过了三轮的竞争淘汰，还剩下有11个应聘者，从中选择6个最终留用。因此，在最后一轮的面试中，总裁决定亲自出面。令人奇怪的是，在面试现场却出现了12个考生。于是总裁问大家："你们之中谁不是来应聘的?"坐在最后一排的一个男子站了起来："先生，您好，我在第一轮的时候就被淘汰了，但是我想参加一下面试。"在场的人们全都笑了，包括站在门口闲看的一个老头子。总裁有些不解地问那个男孩子："你连第一关都没过，现在来这儿有什么意义呢?"面试者回答说："我掌握了很多的财富，因为，我本人就是一笔财富。"这一次，大家笑得更为开心了，觉得这个人如果不是太为狂妄，就一定是脑子有毛病。这位面试男子继续说到："我是只有一个本科学历，这点没错，我是只有一个中级职称，这点也没错，但是我有11 年的工作经验，我曾经在18家公司任过职……"刚说到这儿，总裁打断了他的话，"你的学历和你的职称都不算高，工作11年倒是不错，可是你先后跳槽了18家公司，这太令人吃惊了，恐怕很难有人会欣赏你这一点。"面试的男子解释说："先生，并不是我跳槽，而是那18家公司都先后倒闭了。"这一次，在场的人又发出了普遍的笑声，和着这样的笑声，男子淡淡一笑，说："我不认为这有多么可笑，我觉得这些都是我的财富，我并不倒霉，我还很年轻。"刚说到这儿，刚才站在门口的老头子走了进来，给总裁倒了杯茶。此时，听到那位男子继续阐述着他的观点："我很了解那18家公司的情况，我曾经与大伙一起努力的挽救它们，虽然都没能成功，但是我从它们失败的错误中学到了很多的东西，很多人只是一味的追求成功的经验，而我，更有经验避免错误和失败。成功的经验大部分都比较相似，但是失败的原因却各有不同，与其用11年的时间学习成功的经验，不如用同样的时间来研究错误与失败。别人的成功经历很难成为我们自己的财富，但是别人失败的过程却可以成为永久的财富。这11年，这18家公司，培养并锻炼了我对人、对事、对未来的敏锐洞察力，举个小小的例子吧，其实真正的考官并不是您，而是，这位倒茶的老者。”

话音刚落，全场的11个面试者都表现出极为哗然的表情，大家都惊愕的盯着倒茶的老者，只见那位老者，笑了笑说：“很好，你第一个被录取了。”

这是一个面试中的非典型性案例，但是他可以展现出面试过程中所需要的与众不同的个性。从这种个性中，我们可以举一反三一些对自己有用的东西出来。

第五章 不升职就跳槽

1. 看准了你就跳

在这个早已步入到“计划不如变化快”的时代，改变成了永恒的主旋律。曾几何时，父辈们那种与企业从一而终的雇佣关系已经一去不复返，随之而来的便是经济飞速发展和激烈的市场竞争，使得企业间的人才抢夺战旷日持久，也于不知不觉间导演了各种各样的跳槽剧情不断地在各个企业里上演。“跳槽”也越来越风靡、普遍、流行。跳槽成了我们职业生涯中的一件平常事，十几年甚至一辈子待在一家公司的情况已经不多见。而跳槽是需要面对继而要承担风险的，一次成功的跳槽可能会使你的职业生涯“柳暗花明”，但一次没能把握好的跳槽则很可能会让你“前功尽弃”，“功败垂成”。职业生涯的成败与跳槽有着密切的联系，为此，每个人都要积极对待跳槽，让每一次跳槽都能推动职业生涯的向前发展，可以为自己的人生规划提供一次向上进取的机会。

现实中有很多人是因为对现有工作不满，因而想到跳槽，比如可能会是人际关系不好，也可能是工作久了厌倦了，也可能会是其他一些客观原因等等，为了能够尽快的改变现有的这种状况，人们往往“病急乱投医”，想象中以为下一家公司就可以很好的解决当下面临的这些问题，可是，当这种情况再次出现时，往往就会继续选择跳槽，结果导致是跳槽频繁，影响职业生涯的上升。

这是现代人跳槽的一个最大误区。其根本原因，是在于没有正确理解跳槽的作用。跳槽本身对于改变工作状态与工作环境的效果微乎其微。因为现在的公司人际关系复杂，你无法保证下一家公司就一定不存在那些你不想面对的问题。所以说，这样的跳槽，其实使得你的成功概率只有50%，你还必须要做好承担另外50%失败的风险。

下面，我们来看一下跳槽应该考虑的究竟是什么问题呢？

跳槽应该是以职业目标为中心，能够为职业目标服务。要考虑这家公司能否提升你的职业含金量，能够为你提供一个很好的机会和平台。

比如毕业于北京大学的晓波同学，在一间全球财富前100名的公司就职。在这样一个人才济济的大公司，他的职业发展速度之快让人感到很是惊讶。可是，这个公司的背景、薪资以及人际关系都没有达到让他满意的程度，于是，已经工作了将近3年的晓波，依然在考虑跳槽的问题。

还有一个方面就是，当公司由快速扩展的阶段趋向于稳步发展的阶段时，员工晋级的速度也会受到一定程度上的影响。十年前，在这间公司很一般的员工，两三年差不多就可以提升一个级别，而发展到现在这个时期，即便是很优秀的员工，四五年也不一定能提升一个级别，这样会影响到个人的职业发展，空间和机会在一定程度上是成正比的，于是，晓波期望自己可以跳到一家进驻中国不久的财富500强的公司，即便薪资比现在要略低一些，只要是公司发展的空间和前景在，他也愿意。因为这样的跳槽可以给他提供一个充分发挥能力的机会，也给了他一个达到职业目标的机会。这便是跳槽的最大意义，在于它是一种帮你达成职业目标的手段。

当你决定辞职时，不仅对你自己有影响，同时对同事、对上司，甚至对部门都会有一定影响。一般情况下，只要提前30天递交书面辞职报告，无论公司同意与否，你都可以离职，最好的做法是首先直接跟主管提交辞呈，诚实地说明辞职的原因，然后与主管商量，什么时候应该让同事们知道，以及如何将工作合理移交。而在面对新主管的询问时，尽量避免敏感答案，这并不意味着欺骗。

另外，跳槽之前还应该做其他一些准备：首先你应该在知己知彼的基础上，明确自己的目标职业、目标行业，然后确定目标公司，加深自己对工作内容和任职要求的一些理解，并且要熟悉职位公司的要求，制定有针对性的求职信和简历，把握每一个争取面试机会提高面试技巧的渠道。

张小姐在某一个公司担任人事招聘公工作已经有四年的时间了，工作期间业绩比较突出，深受领导赏识。但是长期从事一些大同小异的事务，时间长了，难免会产生倦怠感，同时也感觉到在工作中进一步学习新东西的空间越来越有限，于是，便希望能够得到企业内部岗位调整的一个机会。但是，考虑到内部轮岗的风险性，领导并没有给她调整工作，而是改为加薪一级以作为鼓励。虽然薪酬的提升在短时间内也发挥了一定的作用，但却在半年后，张小姐依然选择了另外一间不错公司的主管职位，其实新公司的薪酬并不高，但却能给张小姐提供一个拓展职业生涯的大空间。

这种现象，被人们形容为职业倦怠下的另觅“新欢”，在现代这个社会的职场上，也经常会时有发生。我们分析一下这种现象的产生原因：

首先，从员工角度来看，这种类型的员工长时间从事同一样的工作，尽管工作上一直努力，但是却很难再有新的大的突破，并且这种感觉会越来越强烈，因此滋生了一种职业倦怠感。这样的员工便会很担心他们的技能是否会发展停滞不前，因而降低自己对新事物和新环境的适应能力，进而限制了他们职业生涯的长远发展。也正是由于这种对未来的担心使得他们迫切开始寻求新机会，如果不能在现有的单位得到的话，那么必然会选择跳槽。

从企业自身利益出发来看的话，当然希望一个胜任的员工可以长期从事一项工作，但是往往却于不经意间忽略了员工希望寻求新挑战的愿望，而且，有些公司也确实没有建立起一套帮助员工不断学习新技能、接受新挑战的体制，更没有及时对那些有跳槽倾向的骨干员工提供他们所需要的有效帮助，于是外因和内因的共同作用下，便出现了跳槽现象。

另外，还有一种跳槽现象是升迁无望中的另谋高就。

王先生在取得了美国某知名高校的MBA后回国，进入到一家位列全球500强的企业内做了一名普通的财务人员。一时的职位并不算高，薪酬也并不高，但是王先生更为看中的是该公司为其提供的广阔职业发展舞台，他坚信，只要自己踏实努力，日后一定会有很大的发展。可是，转眼两年的时间过后，尽管王先生工作上兢兢业业，屡立战功，但是却由于种种原因并没能得到他自己所期望的提拔，结果，不久后王先生便被其他慧眼识才的公司给挖走了。

如果你是一个工作能力强，业绩突出的员工，心存远大理想与抱负，并且自己对自己的职业发展有着明确的规划，肯定会格外注意公司发展，当公司与他们发展的要求有不太吻合的状况发生时，往往便会寻找一个跳槽的机会。

曹先生几年前毕业于某名牌大学新闻系，然后很顺利的进入到某企业内担任公共事务部助理，在短短的三年时间内，曹先生便掌握了公关工作的大部分专业技能，并且已经在相关行业中拥有了非常好的网络关系。基本上每年的年终评定曹先生都是一等，加薪的幅度也总是名列前茅，可是，最终曹先生却毅然选择跳槽到了另外一个公司做了公关经理。

这种由于薪酬短板而引发的跳槽危机用以前的眼光来看，会让人感觉年纪较轻，羽翼尚未丰满，还需要继续磨练，但由于当时市场上公关人才的匮乏，促使了这样的员工提前具有了承担重任的机会，好的起点同样需要好的过程来发展。薪酬待遇在当今时代虽然不一定是跳槽的首要原因，但往往会是一个直接原因。

一般来说，企业现在的薪酬体系只能维持员工工资正常或有一定规律上涨，一个工作表现良好的员工每年大概可以得到5～8个百分点的加薪，那些表现更加突出的员工，其加薪的幅度往往也不过是百分之十几。如果整个薪酬体系是这样的话，会显得缺少弹性，自然也就无法应对某些职位薪酬行情市场所发生的悄然变化了。

X公司是在业内一家口碑很好的公司，当初刘女士是怀着一份敬仰的心情加入的，进入后担任销售代表一职，在公司工作了8年后，刘小姐由一个普通销售员一点点的做到了销售经理的位置。在工作一段时间后，刘小姐的二级领导发现刘小姐的业务能力很强，并且在几次重要的工作汇报中都表现不俗。于是，在后来的日子里，二级领导便有了一种嫉贤妒能的心理，这种心理促使他做了很多对刘小姐不公平的事情，这样一来，两个人之间的矛盾便随之日益加剧。这种情况所导致的直接后果便是，刘小姐跳槽另谋高就。

像刘小姐这样的员工，在选择工作的时候往往会很注重企业的规模、品牌和名誉等等宏观问题，他们认为一家好的公司就一定会有好的前程。但一旦加入到某家公司后，却并不意味着一定就会遇得到一位好的老板，他们最终跳槽的原因往往就是源自与主管关系不太协调这样的微观问题。

为了职业的进一步发展，安迪离开了与朋友创业4年之久的某公司，到新的公司里担任了某区域的人事经理。在安迪去新公司面试的过程中，安迪出色的才干和相符的经验给新公司的领导们留下了很深刻的印象，但同事，他们也有一种担心，担心安迪较强的个性难免会与新公司的企业文化有某些冲突，可是考虑到公司当时确实急需用人，这个公司最后还是录用了安迪，甚至还认为在公司中倡导个性化也不失为一种新的大胆尝试。工作之后，安迪的工作能力也是不负众望，可惜的是，他太强的个性所带来的工作冲突也表现得淋漓尽致，逐渐地，员工和领导都不再认同安迪，就这样，安迪不久也就离开了这个公司。

这是一种面对文化冲突的无奈选择。

随着大批“80”后员工进入到劳动力市场，突出的个性也越来越明显，做事态度过于偏激，过于自我，难免会发生上述这样的文化冲突。俗话说物以类聚人以群分，当你的个人价值观与所在的企业文化很契合的时候，你会感觉每天在单位工作起来便如沐春风，从而也能为企业创造出更大的价值，但是，反之，便会觉得自己与企业格格不入，当工作变成了一种痛苦，跳槽便是顺理成章的事情了。

2. 寻觅助跳的踏板

无论社会以什么样的进程发展，每个人都想找一份适合自己的工作，在工作中寻找到真正的乐趣和人生的价值所在。可是，往往这个社会会让人事与愿违，和那些能够全身心投入、创造性的完成工作，并且具有高度“职业秉性”的职业人士比起来，有些人被业务搅得心烦意乱，让各种各样的繁杂的工作事务牵着鼻子走，甚至都沦为“工作俘虏”的职业人士要多得多。据韩国的某项调查显示，70%-80%的韩国职业人士普遍都对职场的满意度较低，他们都表示由于“工资过低”等多种因素而产生过“准备离开现在公司”的念头。

和过去那些能够心无杂念的只在一个公司工作一辈子的“从一而终”类型的职业人士来说，随着时间的流逝，和职场环境稳定性的降低，当今社会的职业人士普遍对职场的认可度有所消减，也出现了越来越多的被公司，被单位，被工作“俘虏”意识的职业人士。

在足球赛场上，获得传球的某球员好不容易躲开了对方球员的围追堵截，然后腾空而起，一记猛射，精彩进球！但是观众席上却并没有爆发出欢呼声，反而是一片唏嘘声……原来那么精彩的进球是一脚乌龙球。这种现象的出现，你一定会觉得荒诞不经，可是，是否曾经想过，其实在职业人士的职业生涯管理中也有着很多类似的情形。

有很多职业人士在“出国热”的刺激之下，可能轻易放弃了现在的工作选择了出国深造，可是他们却忽视了一个问题，就是学满归国后却不一定能在本国的就业市场上发展起来，可能会出现国外的某些东西会在国内水土不服，甚至在找工作的时候连连碰壁。也有一些职业人士性格本身就有些浮躁，常常是拿跳槽当儿戏，失去了职业的连贯性，如此几经波折，然后便迷失了正确的方向，甚至有些人至今还在饱尝着频繁跳槽后遗症所造成的苦酒。其实这样的例子并不少见，试想一下，假如你没有“这山望着那山高”，而是能够专一的在一个公司内一直努力工作的话，假如你费尽力气想进的球不是乌龙球的话，一切或许便会是另外一种结果。

职场如江湖，入场便不可反悔，如果反悔的话，你便需要付出代价，跳槽的话就得看你付出的代价值不值得了。江湖之内没有谁能够教给谁一定的规矩，只有每个人靠自己打拼出一片天地。如果用学校里十余年的经验来做尝试的话，比如受了气找老师告状，不痛快了便找父母要求转学，那么将会一沉到底永不翻身的。你必须得学会自己寻找解决问题的办法。

在江湖之内，水性是每个人自身自修的，姿势是自创的，而学习是要看别人的。在这个过程里，需要有活就干，有事就上，即便你很有能力，也是要放下身段的。只有把握住了你自己，你才敢于沉得下去，最终你才能浮得起来。那些整天想着混成老大的人，在职场这个江湖上往往很难找到合适的位置，更不用说能找到证明他们自己的空间了。

俗话说，活到老学到老，其实对于自己的职业规划及发展，也应该是活到老，找到老。这个找，一方面是寻找自己的最为正确最为合适的职业发展方式方法，另一方面是时时刻刻清醒的知道自己的职业长短板在哪里，然后根据自身的具体情况寻找可以跳槽的跳板。

每个人在自己的职业生涯中其实都是带着属于自己的故事的，每个故事也都不尽相同，人与人之间的差异，有很多最终都转化为是对工作与人充满责任和希望程度上的差异。比如很多刚刚毕业的应届大学生，他们在应聘或者跳槽的时候，往往有着几个很重要的因素在影响着他们，第一个是自我认识不足，定位太高。觉得自己辛辛苦苦的读了四年大学，家里给投入了那么多，自己又非常的努力，无论如何，自己也要在同学们面前混得比较有面子吧，特别是那些在学校期间表现比较突出的同学，如果从基层做起，从基础学起，往往他们会认为有些“委屈”，往往在面试的时候，听到他们说的最多的便是强调自己的沟通能力强，学习能力强，很勤奋，还有就是在学校里的时候获得过什么样什么样的奖项等等，然后是要求一个什么样的职位，什么样的发展空间，什么样的工资待遇，而这些人往往都忽视了一个最为根本的问题，就是企业最需要他们做什么。

大部分企业在聘用应届毕业生或者类似此类型的人员时，都会先考虑让他们从事一些最基础的工作，以此来证明一下你的能力是否如你所说，毕竟这种类型的人才没有太多既往的成绩用来证明自己，只能是这样从基础做起。其实，这样也是一种真正的大家互相了解的捷径。起点低的话，更容易体现出员工的职能，同时也能让员工对企业有个真实而全面的了解。也许一时的职位不够光鲜，收入可能也不够理想，但是如果没有基础的话，即便是栋高楼大厦，也很有可能会垮掉。

换一个思路来看待这种现象，其实这可以更加方便的让你意识到你的跳板在哪里，也可以说是知道如何去寻找自己的突破点。

还有一个就是面子思想的问题。在寻找工作的过程中，有些人一旦听到需要从事的是一些听上去感觉技术含量不是很高的工作，然后会有在心理上有种不太能接受。其实，这个大可不必。多接触多从事一些类别，往往更能突出让自己认识到自己的方方面面，才能更好地让自己沉淀下来，做到与企业共同发展，自然就会有更多的机会获得个人的发展。

有位员工在离职时，和人事部门的负责人之间有过一次这样的对话，大家来看一下这种情形，然后可以反思一下自己的某些相对应的状况。

员工：我觉得我不适合做销售工作。

人事部门：为什么？当初你来的时候不是说你愿意在一线表现你自己的能力，并且你热爱具有挑战性的工作吗？

员工：我当时只是想进入企业，其实我很有可能找到更适合我的一些企业策划类的工作。当时觉得，如果企业愿意用我，我就可以在这边先接触一些内容，多学习一些东西，然后充实成长自己。

人事部门：可是你在一个岗位上还没证明自己什么呢，又怎么能肯定你会在下一个岗位上就一定会获得成功呢？短短几个月的时候，你能够看到全面的自己吗？

员工：我可以确定的是，通过这几个月在贵单位的工作，我完全可以从此平台的基础上转换到另外平台上。

其实，这个公司就无形中被当作了一次这个员工所寻找到的职业跳板。

能够在就业压力如此之大的纷繁职场中跳来跳去，进一步寻找真正适合自己职位的人，一定拥有着一种超强的能力。在这种选择的过程中，并非每个人都能够做到从容不迫，所以还是有一些注意事项需要告诉那些准备跳槽的朋友的，大体归纳总结一下有下面几点：第一，不要轻易让现在的公司知道你有想要跳槽的想法，一旦现在的公司知道你有这种想法之后，一定会对你有所提防，一般都不再会对你委以重任，自然而然的，晋升加薪的事情就更与你无缘了。第二，不要辞职找工作。找工作中的很多因素都不是自己所能控制的，没有人能够确保自己一定可以在某个期限之内找到合适的工作。如果说辞职后很长的时间内都找不到工作的话，势必会很影响心情，打击自信心，说不定就会出现随便接受一个还不如原来工作的工作。第三点就是在找工作期间尽量不要影响到自己现有的工作，这样就会得不偿失。第四点，在你还没有拿到新单位的录用通知之前，不要随便辞职。第五，在正式辞职之前，记得处理好自己所有的物品，文件与信件。第六，辞职的时候，应该做好交接工作，这是任何一个职场人士所必须做到的基本职业道德。

3. 完美自己的职业规划

谁不想找一份适合自己的工作，从中寻找乐趣和人生价值?不过事与愿违，大多数职业人士都被业务搅得心烦意乱、让各种工作牵着鼻子走。在供不应求的卖方市场，中国的高端白领往往处于优势地位。对于高端人才和一些相当具有发展潜力的员工，一些企业往往采取各种各样的鼓励政策，而对于那些将跳槽作为加薪手段的员工行为，其实并不可取，跳槽只是一种方式而已，加薪也不是目的，重要的是如何规划自己的职业人生，如何让这种规划更为完美。所以说跳槽不是加薪的杠杆，加薪更不是跳槽的根本目的，职业规划的更完美才是最最重要的。

关于跳槽，还有一点就是在跳前，一定要做好充分的心理准备。毕竟是要从一个单位跳到另外一个新的环境中去，在企业管理模式、工作方式等各方面上都会发生一些改变，有的人可能适应起来是需要很长的一段时间的，所以，跳槽之前一定分析好所有的利弊关系，看是否对自己的人生规划有所帮助。在对方方面面都有所考虑之后再做出相应的决定，应该说会对自己更为安全。当然了，还有一个观点需要明确，那就是跳槽成功的话并不意味着就是一次成功的跳槽，这是两个不太一样的概念。有些人是习惯性跳槽，本身的目的性并不强，对自己的职业人生规划也并没有太明确的展望，对此无可厚非，个人习惯而已。但如果不是这样的习惯性跳槽的话，就一定会想要跳得更快一些，更高一些，更远一些，这就是助力自己的职业规划。所以在跳的时候，一定要先找好下家，并对目标公司做尽可能详细的了解，如果有可能还可以找到业内人士帮你进行一定的分析，做到知己知彼，做好充分的准备后再去实施最后的那完美的一跳。跳槽仅仅意味着是想让自己的人生更好，并不代表着就永远与离开的这家单位脱离了关系，而应该还保有一定的关联，因为说不准发展一段时间后，这边的状况会更有利于你的职业发展，所以，有的时候，跳槽仅仅是一个手段方式而已，或许离开是为了更好的回来，是为了自己的职业前景更为美丽。

2008 年的时候，小刘所在的一个公司由于受到了美国的那场金融风暴影响，单位的经济效益开始变得很是不景气，还没等单位领导开会宣布要准备裁员的时候，小刘便已经找到了另外一个很不错的公司，于是趁此时机，小刘就从这个单位跳槽到了新的公司。

小刘的领导和很多同事都以为他是由于经济危机的原因选择了离开，但只有小刘自己明白，他是为了什么。在新的公司小刘很努力地在学习着进步着，当后来经济危机的影响在很多人的共同努力下，已经渐渐好转的状况下，小刘也已经由新的公司掌握了很多的内容，再后来，当小刘感觉到自己在这个公司已经发展到最高点的时候，他便再次选择了跳槽，就这样，小刘在跳过几次后，他自己的经历累积也已经达到了一定的高度，就在这个时候，小刘选择了回到他的第一个单位，当原来的领导和单位同事询问起小刘的原因时，小刘解释道，其实自己当时由这个公司跳槽出去的原因，正是因为当时自己在这里的发展遇到了瓶颈，自己发现自己需要补充充电的东西太多了，正逢经济危机来袭，于是他就选择了去给自己充电，于是去到了更能学习锻炼自己的地方，当自己的能力确实得到了一定程度上的提升时，小刘便从这些单位中选择了一个最难实现自己人生职业目标的单位，描绘自己的职业规划。也就是说，跳槽其实是有计划性和目的性的一种行为，必须要知道自己为什么跳槽和怎么跳才行。

跳槽有很多种情况，要根据每个人的具体情况来定，有跨职业跳槽，也有跨行业跳槽。不管是以何种形式来跳，都需要讲究一种策略，那就是关键看你是否具有很强的职业能力。比如你是一个销售员，在汽车行业里做得很好，那么你在其他行业内业应该能够做到很好，只不过是需要补充一些相应的行业知识而已。但如果你根本就不适合做销售，那么无论你跳到哪个行业最终也都是做不好的。跳槽意味着在工作和生活的方面都即将有新的开始，很多人往往会难免因为一时的冲动而跟风跳槽，这样不仅会给自己带来很多的压力和困惑，甚至还有可能会将自己的职业发展搁浅和改变。如果有些人是因为工作压力过大或者是和单位的经理、同事不和而造成精神极度紧张进而决定离开单位跳槽的话，那么这样对于自己人生职业规划的损失恐怕日后想起来会很为遗憾，如果有些人是为了追求更高的薪酬而特意跳槽的话，也难免会忽略了自己的人生规划，这些都会是不太值得的冲动跳槽。

对于频繁跳槽的人来说，这样其实是很不利于自己的职业生涯发展的。在年轻的时候可以适当的多跳几次，但是在跳过三次以后就要多加小心了，特别是随着工作时间的增加，那么你的职业轨迹其实也应该会越来越稳定才是。

对于那些刚步入职场的人来说，无论目前你的工作多么不适合你或者你有多么的不喜欢，其实你都应该坚持工作两年以上，因为在你真正全力以赴之前，你原来的任何判断其实都可能是不正确的。而对于那些已经有四五年工作经验的职场人来说，在跳槽的时候往往会更明确自己的职业目标，如果对未来没有明确的目标的话，说明对自己的人生生涯还没有做出系统的规划，在这种情况下的跳槽，往往缺少必要的理性。而对那些中高级人才来说，在自己的能力和业绩都还不错的情况下，最好不要轻易跳槽，如果真的要跳的话，建议最好应该是能够与猎头公司合作。

专家给各位的一些建议是在跳槽之前先要审时度势，把目光放长远，千万不要头脑发热，盲目的跳。有一些职业人往往会犹豫不决，惧怕跳槽，越是这样往往越会出现跳槽失误的现象，跳槽后如果自己的新工作反而不如自己之前的职业，除了由于自身的短视所导致之外，也会对外界造成一些不好的印象，这些影响对自己的职业发展多多少少都会产生一些相应的影响的。由此，专家给了大家以下几点提示的小建议：

第一，在制定自己的人生职业大规划的时候，一定要理性的分析一下公司本身的发展前景是怎样的。这既包括对想要过去的公司的全面考量，又包括它与现在你所在的公司的对比以及它与同行业内其他公司的一种对比。因为公司的发展前景其实就是预示着你自己的职业前景，它会直接关系到公司能够提供给你多大的发展平台，是否能够给你制定一些相应的培训计划，是否可以提升你的职业竞争力，能否为你提供比较丰厚的薪水以及其他的相关福利。

第二，要看一下你在新公司的个人发展空间如何，尤其是不能把眼光只是放在薪水福利上面，最重要的是你个人的发展空间。新公司的职位是否能让你在工作的同时还能够满足其他的一些发展，新公司的企业文化如何，是否会比较适合你，公司的发展理念能否与你相符。毕竟在每一个公司发展的前提都是要很好的融入公司的氛围，要认同它的文化，要支持它的理念，然后才是个人同公司的发展一同进步。沉浸在不同感觉的文化中是很难的一件事，由此而造成的不能在工作岗位上充分的伸展拳脚也是很痛苦的一件事情。

第三，除了要看发展空间，还要看发展方向。判断一下自己的职业气质和职业能力是否和这个职位相匹配，规划好后就朝着这个目标不懈的努力，然后结合一下自身的条件，清楚的分析一下自己的职业特长、自己的学识、工作经验以及心理适应能力等等。如果这些都不能正确判断的话，哪怕有看起来很适合的工作，恐怕你也是可望而不可即的。

第四，掂量好自己的市场价，这里所说的市场价既包括薪水的价值，也包括自身的价值。在现实中的很多案例里，有一些情况是个人自觉能力很高，但却总是抱怨企业的目光短浅，抱怨这个世界太缺少伯乐。总感觉个人对企业的发展对行业的发展有着很独到的一种见解，但就是企业不懂得运用自己这样的人才，其实这样的情况需要的是个人自己的一种反思，需要检讨一下自己是否真的就如自己所想那般的才华横溢，自己是否可以有针对性的表现出自己的优势，自己有没有在用人单位表现出被人认可的价值，只有对自身有了很充分的认识，明确了自己的优劣势，才能弥补自己的不足，扬长避短，在如此的职业大背景下，做好更好的按照自己的人生规划去走。

4. 听从忠告，相信机遇

先来看一下一个猎头给人才的几点最基本的忠告：

第一，打工无尊卑。无论你今天是一名普通的工程师，还是一名比较资深的经理人，或者还是贵为总经理，在心态上都要保持平衡和一致，反映在具体的表现上就是要与人为善，永远保持着谦虚谨慎的态度。如果在你做工程师的时候见了门卫都会亲切的和他们打招呼，那么当你做了总裁之后也依然要和以前一样同门卫打招呼。

第二，一味追求高薪者对自己不利。如果目前你能够赚到的月薪自己感觉还可以的话，就不要总是处心积虑的去谋求加薪升职。当某一天你的薪水加到足以让你的老板对你时时刻刻都想要进行重点关注的时候，你所面临的危险也就会越来越大了。

第三，要学会寻找领导支持。你的创意，你的计划还有你的方案，这些如果想要得到顺利推行的话，记得一定要寻求领导的支持。

第四，除了和领导的关系处好之外，还要得到同事的信任。平时要时刻注意和同事们之间的关系，这样的工作环境会对你有利的。

第五，要学会请示汇报。永远不要相信在公司里是有着真正的授权的，更不要以为自己只需要埋头工作把自己的本职做好就好了。那些不请示少汇报的人，永远都无法得到老板真正的重视和信任，更不会对你进行赏识了。所以你要学会天天主动给老板汇报你的工作，让他知道你每天都在努力的工作。

第六，要相信机遇，有些事情只有你相信才会存在。

某个秋天，在经历了三个多月的失业困扰后，小李终于迎来了一次面试的机会。虽然这次机会只是一个小小的营业员，可是小李，是一个做事情很认真的人，她一点都没有怠慢。从初试、复试到笔试和面谈，经过了一个月的竞争，小李得到了最后的通知，她可以去上班了。在装修很豪华的营业大厅里，一共也只有7个营业员。当时面试的时候是有几百人的，只是在四轮面试后就只剩下这几个了。小李后来得知，她之所以能获得这次机会，除了自己的成绩比较出色之外，还有一点就是因为她在面试的时候主动的与其他面试的人聊天，正巧被假装去洗手间的主考官看到，于是主考官便对她的沟通能力有了一个良好的印象。

从正式开始上班的第一天开始，小李他们便开始一边努力适应新环境，一边学习操作陈列柜里的产品，还有就是听经理讲那些服务常识。几个周的时间过去了，大家的学习内容基本上已经掌握的差不多了，经理开始时不时的便到厅里来巡视一番。在有的人在聊天看书打盹儿的时候，小李总是在抓紧时间拼命的在电脑上练习着打字等自己应该熟悉的操作内容。

在某个冬天的午后，从外面走来了一位中年男子，几位同事都在做着各自的事情，小李看了看没人站起来，于是主动走过去，和男人打招呼，询问看他有什么事情需要咨询。只见那位中年男子抬起头，看了看小李的脸，也不说话，只是一个劲儿的环顾着大厅。小李心里有些不悦，但既然是自己的客户，只能耐心的继续下去，直到把客户送走为止。

一星期后的一个早晨，经理把小李叫到了办公室，宣布要把她调到另外一个单位，职位上算是一种提升，但就是那边比较偏远，什么都不是太方便。小李犹豫了半天还是说出了自己的疑问，经理很真诚的说他也不知道，只是说是总经理的安排。小李想想自己找份工作真的挺不容易的，先服从命令吧。反正是打工，那就努力工作吧。于是接下来的日子，便不停的奔波着，在学习的过程中，小李也承受了很多东西，有时候她真的感觉自己挺委屈的，甚至都一度想要放弃，连辞职跳槽的念头都不止一次的出现过，但却还是坚持下来了。

有一天，当公司总经理、人事经理和部门经理都在一起开会的时候，小李刚刚适应了环境，不是太紧张了，门开了，进来了一个人，此人正是最初的时候，小李在营业大厅里接待的那位男子。这位男子说了几句话便离开了，这时候，有位部门经理问小李董事长是怎么认识她的，小李这个时候才知道原来自己的第一个客户便是董事长。

原来，当初的时候，董事长是来单位视察，中午吃过饭后想要自己转转，于是到了营业厅，发现那里只有你最主动，最有服务的意识，后来他让我们平时都注意你一下，结果，果然发现你确实是个好苗子。

人生的机遇就是这样，总是会在你很不经意的时刻从你身边擦身而过。一个上千人的大企业里，也许在里面工作的很多人，高层领导并不一定能叫出他们的名字，但却可以通过一件小事让他们记住你。时间过去了好多年，往事依然会历历在目。所以期待着机遇的到来，要相信机遇一定会到来，也要抓住从身边一瞬即逝的那些宝贵机遇。

第七，把吃亏与占便宜分清楚。猎头由于常年和各种各样的新人打交道，发现了每个人对于得到和失去有着很是不一样的认识，有些时候，别人都觉得会吃亏的事情，你做了，或许收获颇丰，但另外还有些时候，人人都觉得会是一件占便宜的事情，却往往会让人吃了大亏。

在1992年的时候，如果能在外企工作的话，那绝对是一件让人很是羡慕的事情，某外企部门新招了两名前台，一个是圆脸大眼睛，另一个是细高个儿长长的脸庞，都长得很漂亮。刚入职不久，两个人很是亲近，仿佛亲姐妹一样，不了解的人还真的以为他们俩有什么关系呢。前台的工作很忙并且很杂，圆脸的小张爱说爱笑，大家有什么事都愿意找她，而另一个小赵比较内向，平时总是很安静，喜欢一个人低着头做事，但是整个人做事很是干净利落。时间长了，大家也总是习惯于让小张干这干那，似乎她就是一个大杂工，甚至有些过分的同事连洗茶杯这样的活儿都交给她做，而小赵则好多了，一般就是早晨给老板收拾好办公室，然后除了老板临时的一些吩咐之外，就没什么事情做了。于是大家都觉得小赵是老板比较偏爱用的，所以就更加不爱找她了，小赵便很准时准点的上下班。

爱唠叨的一个职员小孙看不惯这样，于是就和小张说以后别干这么多没用的事情了，小张笑着感谢了小孙，并且表示了自己乐意为大家多做点事，没关系的，她能忙得过来。小孙看她如此不领情，很是不悦的样子。小张解释说："我本来就什么都不懂，外语也不好，帮大家一些忙，反而能多学很多东西，顺便也把学费给省了呢?”小张就是抱着这样的心态一直坚持着帮大家做事情。

大概过了有半年的时间左右，公司的管理部需要一名经理助理，前台的小张和小赵都提出了申请。大家觉得小赵一直以来都比较受用于老板，估计这次就是小赵的了。谁也没想到，最后当上经理助理的是小张。原因其实很简单，虽然小张才来单位半年，但是专业已经非常的熟练了，小赵平时除了复印、打字、接电话之外，别的什么都不懂，当前台还是很合适，但是当经理助理她还差得很远。

所有人都以为给领导打杂是占便宜，给同事们帮忙则是吃亏。结果呢，吃亏和占便宜刚好来了个相反的结局。所以，无论是在什么样的工作岗位上，分清楚吃亏和占便宜，别总想着要点小聪明，小心聪明反被聪明误。

第八，勇气是敲开机会之门的第一步。在某一次的企业内训课程上，有一位年轻的女高管小叶，她是那次课堂上所有人员中听得最为认真的一个。

小叶毕业于一所很没有名气的民办大学，刚毕业的时候她与所有人一样遇到了找工作难的问题，刚开始，她为了解决吃住的问题，在超市里做过促销员，也在服装专卖店做过导购，后来去了一家培训学校做业务员。

在她四处寻找学员、配合做教务的过程中，小叶接触到了很多大大小小企业的一些中高层管理者，其中有一些企业是小叶非常希望能够加入的。可是，虽然能够接触到他们的管理人员，但并不意味着自己便有机会可以真的加入到他们之中，毕竟自己每天做的工作也仅仅只是一个送水、发材料的工作人员而已，所以小叶始终不敢和人家主动说话。有时候，小叶也想，如果能够和他们的负责人之间谈谈的话或许会有机会，但是，当她真到了人家公司里的时候，就总是没有勇气迈进去。

一次，小叶去给某家企业送培训的门票，到了公司的门口后，有领导的秘书过来接待她，这家企业刚好是小叶早就关注了的，她自己也一直想要进入到这家公司工作。这一次，小叶终于鼓起勇气对接待她的秘书说："这一次的课程和以往有一些变化，我必须要和你们负责这次培训的领导亲自当面说一下。"秘书看了看小叶，然后点点头去请示领导了。

当小叶被领往办公室的时候，她一边走一边回忆着自己对这家公司的一些了解。虽然并不知道自己会面对哪个部门的领导，但小叶却并不太紧张了，当她把当时的那些培训课程事宜都详细的解释完之后，又与对方的领导聊了一些关于企业的其他情况，离开的时候，那位领导亲自把小叶送出了大门，甚至还在电梯口的时候给了小叶一张名片，说有机会可以就一些问题相互交流一下。小叶当时心里并不清楚这次的见面能改变什么，但是她很高兴自己能有勇气向前迈出了这很重要的第一步。

从这之后，小叶越来越相信只要敢于面对，就完全可以向自己希望的目标靠近。

就这样，在半年后一次小叶再为这家公司送培训课件的时候，当小叶路过总经理的门口，当时，门半开着，小叶看到只有总经理一个人在面对着电脑。小叶并没有犹豫地便敲了敲门，随后便和总经理有了一次交流，交流得很好。

然后，这次机会让小叶最终成为了这家企业内的一名员工，又在一年后走上了单位的管理岗位。当然，加入到这间公司后并不就意味着会一帆风顺，小叶还有很多不停努力学习的地方，现在这点只是说她敢于推销自己，善于把握机会。

现在很多人可能都觉得对自己的现有工作不是很满意，或者是说找不到太满意的工作，其实，不管我们是在做什么，只要为下一次的机会时刻做着准备，那么，要做的就只是在机会的门前，大胆的敲开你最想进去的那扇门！

第六章

如何与猎头打交道

1. 选好“红娘”嫁对郎

目前猎头市场上业务做的出色的猎头顾问，定会有两方面的技能：一是与优质客户（用人单位）有长期而信任的合作，能及时找到和把握客户对人选的期望值有和具体定位，进而能快速准确的推荐出合适他们需要和发展的人选，而不是各方面条件都最很优秀的人选；二是积累有相当数量的有特长的人才（例如特有的工作技能和专长，对所工作的领域熟悉并服务持久而专注，良好而稳定的业绩等等），清楚这些人才在所在领域的优势劣势、定位、兴趣等，以便在新的工作机会出现时，能帮这些人才分析这些新机会是否适合他的职业发展，给出具体而专业的建议。

外界对猎头的理解和认识有很大不同，褒贬不一。这主要是看你在与猎头打交道时的心态和目的如何。当然，能接到猎头电话的是件挺开心的事，但这并不能说明你就已经是人才（目前，猎头公司接到的项目不全是高端职位，有很多是专业度高而数量很大的职位）了，虽然提到猎头都是做大生意的，但那是国外。并不是所有的中国猎头公司做的全是高端的生意，所以就猎头公司本身的背景和猎头的职业操守等，也是人选考察职位质量的重要指标。

对于企业挑选怎样的猎头公司做业务合作，也是需要了解猎头公司之前都曾有过哪些成功案例，特别是与您本人沟通的猎头顾问对其领域与业务的认识程度，即使不是火眼金睛，但至少也要亲临并考察下公司和顾问的现状，避免损失时机。

此外，猎头也很看重客户（用人单位）是否诚信和尊重人才，对于珍视人才并坚持诚信的客户，猎头提供的服务也会更为高效，因为猎头不仅要对用客户负责，更要为所推荐出来的人才负责，所以口碑在猎头行业必然很有分量，长期的良性循环，结果就能双赢。

像所有的行业一样，猎头行业的企业也有不同档次之分，总体概括起来，有三个层次：

1. 外资猎头公司

指那些公司的总部或注册地在中国以外的其他国家和地区，在几个国家和地区设立有连锁分支机构的跨国猎头公司，目前进入中国的大约有100家左右，80%位于北京和上海，最著名的例如光辉国际、海德思哲、博易登、安拓、伯乐等，主要共同的特点是人员素质高，服务规范，擅长做高级管理岗位或跨国猎头项目，主要以世界500强公司作为客户群体，但一般收费很高，而且在中国境内的分支机构不会很多。

2. 大型或正规内资猎头公司

指具有一定规模和1个以上的分支机构的正规专业的内资猎头公司，据不完全统计，全国共有500多家，既有国营性质的人才交流服务机构或外国企业服务公司，也包括著名招聘网站的猎头服务部门，还有就是具有成熟的专业基础和优秀人才搜寻能力的大中型规模的本地猎头公司。

主要共同特点是具备国家劳动人事部门办法的合法的职业中介

许可证书，具备3年以上的业务经验，具备地区分支机构和一般不少于20人的服务团队，收费比较合理，反映快，效率高，合作条件相对灵活，招聘本土高级人才的能力并不亚于外资猎头，主要客户群体是外资企业和大型内资企业。

3．其他猎头公司

指那些不具备专业猎头服务资质的，成立时间少于3年的小型猎头公司，这些公司据统计全国至少有3000多家，很多是属于在家里办公，2～3个人组成的公司，因为看到猎头行业利润较大，所以蜂拥而上，他们共同的特点是没有职业终结资格证书，成立时间短，员工人数在10人以下，以中小型内资企业为主要客户群体，在合作条件上几乎可以“无条件接受”任何苛刻的条件，收费极低，但服务水准往往很低，很多不了解猎头行业的招聘负责人经常贪图便宜首先选择这些公司合作，但经过一段时间后才发现他们的服务质量和效率不行，需要再回头去找那些专业的猎头公司，这样往往会耽误一些时间俗话说，最好的不一定是最合适的，选择猎头公司，我们建议应该主要考虑那些具有一定专业资格的公司，在这个基础上，要根据自己公司的招聘岗位的层级，猎头费用的预算，综合合作条件和双方沟通的感觉等几方面去衡量把握。

4．是否具有政府颁发的《职业中介许可证书》

在我国，人才中介行业属于需要到劳动人事部门获得特别行业许可证书的特殊行业，目前国内的行业证书有两类，一类是人事局颁发的《人才中介许可证书》，另外一类叫《职业介绍许可证书》，是劳动局颁发的，要想申请得到这种证书，申请的企业必须满足一定的资格要求，比如从业人员必须具备《人才中介职业资格证书》，企业必须具有一定的人数和固定的办公场所，而且这个证书每年都要进行年度审核，凡是在年内遭到过服务质量投诉的公司，都将被收回这个证书，所以，对于一个猎头公司是否正规的最基本的判断是它是否具有这个行业的专业资格。

5．是否具有适当的规模和历史经验

如何正确判断猎头公司的规模呢?很多人会马上想到人数，其实这并不一定是唯一的判断要素；猎头公司一个主要办公人员的员工人数应该在15～20人左右，分支机构的人数3～10人不等，要知道猎头公司不是劳动密集型企业，它们靠的是少而精干的猎头顾问来完成客户委托的招聘任务，所以在判断猎头公司的规模时要有客观的眼光。

回顾猎头行业在我们的发展历史，最早于1993～1994年出现的猎头公司现在已经所剩无几了，应该说本土的猎头公司的成长期是1995～1999 年，而成熟期是在2000～2005年，2006年以来在经济过热大的环境的影响下，众多中小型公司纷纷涉足猎头行业，但由于缺乏专业人士的带领和急于求成的心态，造成了行业的恶性竞争，许多公司已经完全背离了猎头行业的基本轨道，完全不具备专业服务的能力。

猎头公司的服务水准和质量严重依赖于它的领导人和主要服务顾问本身的水平和素质，因为它最终是靠人的经验和技能来提供服务的；纵观整体猎头行业，曾经具有人力资源或招聘相关经验的猎头公司老板只占全部老板群体的44%，其他的基本都属于行业外的人士，假如一个猎头公司是由一位或几位专业人力资源人士来主持经营和管理，无疑其专业性和可靠性就比较有保障，假如您选择的猎头公司的总经理是美容院的老板，或者餐厅的老板，您对这家公司的专业水准会怎么判断呢？

猎头顾问是猎头公司最重要的财富，是营业主体的组成部分，这些人是否具备一定的社会阅历，丰富的商业知识和不同行业的从业经历，当然还有对人的判断能力等等，是决定一个猎头公司服务水平的最重要的因素，所以，当您选择猎头公司时，应尽可能地与猎头公司的顾问进行一定的直接沟通，对他们的能力，素质，行业经验，理解能力等做一个判断，这将是非常重要的；由于猎头行业的盲目膨胀，许多根本不具备“顾问”资格的年轻人也都轻松地被加上“猎头顾问”的头衔，假如您见到的某猎头公司的顾问基本都是25岁以下的“80后”，您最好还是慎重点吧。

6．在相同或相近行业的猎头服务经验

当选择猎头公司时，它是否操作过与招聘单位同行业或类似行业的职位，招聘负责人都会很重视这点，因为这直接关系到招聘的速度和准确性；在目前激烈的市场竞争的情况下，没有任何一家猎头公司是只专做某一个或某几个行业的，但它肯定会有一些它积累经验最丰富的行业，属于它的“拿手好戏”，假如通过交流和考察，你发现贵公司的行业正好属于它们的特长行业领域，那么应该说选择这家猎头的理由就充分了许多。

当然也要避免一种极端的倾向，就是说非要找到特别善于做本公司同行业的猎头公司，那其实也不必，因为猎头公司普遍关注的是一些大的行业范畴，不可能覆盖所有的行业，尤其一些比较冷僻的行业，比如贵公司是做氢气球的，一家猎头公司说它主要就做这行业，你能相信吗？

7．正规猎头公司的普遍收费标准和方式

目前猎头市场的价格由于大量中小型猎头公司的参与而变得比

较混乱，因此作为招聘单位有必要了解清楚“行情”。总体上说，正规猎头公司的收费一般相当于被推荐成功的人才的年度工资的20%～33%，外资或大型猎头公司一般在25%～33%，而且规定的最低收费基本是在每个职位5万～7万人民币，这类公司一般都不愁没有足够的客户，所以往往很“牛”，在合作条件上普遍比较强硬；处在第二层次的猎头公司基本收费是在15%～20%，最低收费在1万～4万元不等；小型猎头公司的收费就很灵活了，低到几千元，高到几万元不等，这些公司最好说话，什么条件都可以答应，但服务质量往往不甚理想，主要依靠到三大人才网站的人才库去搜寻简历的方式，一旦搜完，就没有办法了，收费便宜就是这个道理。

说到收费方式，猎头行业公认的方式是：预付+主款+尾款的方式，其中尾款是指被推荐的人选试用结束后才支付的部分，一般最多占总服务费的50%，显而易见，余款越多对招聘单位越有利，反之对猎头公司有利，具体支付比例要靠双方协商，还是那个规律，越专业的公司在合作条件上的妥协程度越低，这倒也符合市场的规律。

8. 临机定向搜寻能力是最重要的

有很多刚接触猎头公司的招聘负责人在和猎头公司联系时，总喜欢问一个问题：“我们现在需要招聘的人，你们公司有现成的吗?”这实在是一句外行话，因为您没搞清猎头公司是靠什么本事吃饭的。猎头公司与三大招聘网站的根本区别在于，它不靠一个庞大的人才信息数据库去完成客户的招聘任务，而是在准确把握客户招聘需求的基础上，采取行业定向挖掘的办法，去找到合适的人才，特别是那些没想主动换工作的人才(他们是不会去三大网站发布简历的)，换句话说，是“现找人”，不是“在简历库找简历”，所以，判断一个猎头公司是否专业的主要标准，是看它的临机定向搜寻能力。

9. 把握“预付款”和“独家委托”

预付款是指猎头项目合作的定金，大多数外资和正规猎头公司都会坚持收取预付款，因为它是猎头公司的最低风险保障，也是约束招聘单位不能随意解除招聘委托的有效方法。

很多招聘负责人很喜欢签订“没有预付款”的猎头合同，表面上看好像是避免了公司的一点点财务风险，但其实这是一把双刃剑，没有收到最低保障的猎头公司，如果它很专业，很有实力，它就不会把好的顾问和资源放在没有预付款的项目上，也不会本着十分负责的精神去对待这个项目；相反，什么样的猎头公司才会在没有任何保障的情况下，仍然非常卖力地去做呢?只有那些实在找不到更好的委托合同的低质量猎头公司，而这些公司的服务水平是比较差的，到头来，许多招聘主管发现，贪图没有预付款的便宜，结果往往是招聘结果的失败和时间的延误，真是得不偿失啊。

因为时间紧，任务急，所以必须多找几家猎头公司，同时去找，这样安排，招聘负责人心理上至少得到了某种安慰，对催促的老板也可以有个交代—看，我够努力了吧?其实，从另一个角度看，不难发现这样做的问题，首先，几家猎头公司在同一领域狂轰乱炸，你挖完我再挖，搞得沸沸扬扬，这在行业内部肯定会对招聘企业造成不良的舆论，另外，几家猎头公司争抢，必然造成他们忽略人选质量，只要沾边就先推出去再说，这样就失去了猎头服务的意义，你会发现很多很多不合格的推荐，到头来还是找不到优秀人选；最重要的是，和上面谈到的道理一样，大多数正规专业的猎头公司是不接受这种没有任何收益保障的“打群架”的方式的，人家不陪你玩了，那么围在你周围的还是一群质量不佳的猎头，其结果可想而知了。

2. 电话改变职场命运

俗话说：人在职场飘，谁能不挨刀？在你的职业生涯中，可能某一天在你最不经意间猎头拨通了你的电话，和你谈论一个新的工作机会时，你的反应又会是怎样的?意外、惊诧，还是不解、不屑？到底该如何见招拆招？

别拒绝猎头的电话

猎头给你打电话表明他已盯上了你，你已经上了猎头的名单，猎头公司是不会随便找个人打电话给他的。正因为你不愁工作机会、不愁薪酬待遇、不愁发展空间—这也是你最大的“卖点”，让猎头垂涎。猎头打电话给你，可能是因为他有一个空缺的职位适合你。请他把职位描述用电子邮件发送给你，或者登录猎头网站查看相关信息。你也可以借此了解自己在行业内的位置。他们对行业的就业状况有着较为全面的认识，能让你了解自己的薪资待遇是否合理，甚至跟你讨论你的工作前景，帮你分析你的职业生涯规划等。最重要的是，当猎头熟悉你之后，很可能会使你在考虑跳槽的时候就有好工作“从天而降”，从而找到一份更理想的工作。

别因太忙而不回电话

接到客户委托，猎头会搜遍有可能找到合适人才的每一个角落，通常要打几十个甚至上百个电话，而电话里很难一锤定音，他们会给点儿时间让你考虑一下并希望得到你的回复。接到来电后，应当由你给猎头公司打回电。你大概认为自己的时间非常宝贵，所以觉得无须立刻回电话。这样，还可以提高自己的身价。问题是你需要和猎头建立长久的合作关系，而这种关系的基础就是彼此的尊重。毕竟猎头顾问必须赶在期限之前交差，你越快给他答案，他就越容易办事。更何况他可能还需要你帮忙介绍、联系其他人选，或打听一下你现在的处境。你接到猎头电话，只代表你已被他们注意到，你还要设法让自己被他们的“雷达”锁定，以便争取眼前或以后的机会。在合适的时间里给猎头回个电话，不会让你掉身价。

猎头约见如何面对

一般情况下，猎头公司要约见你，说明你早已受过详细的背景调查，历经几重考验，才被锁定在他的候选人范围之内的。这也进一步表明你拥有某方面的资本，比如过往的业绩、经验、口碑等等。但是，这些并不意味着猎头就会选定你。你还得发挥你纯熟的应对技巧，尽量表现出自己最好的一面，以下是值得你注意的地方:坦诚相见，诚信为本。“诚信”是高级人才市场上出现率最高的字眼。怕失去大好机会而隐瞒掩盖自身缺点、谎报相关资料、故意省略或虚报经历，无异于“玩火”。其实，在当前市场经济条件下，履历表上出现待业的空挡，已经是很常见的事了。当然，原因会是各种各样。无论哪种情况，在猎头公司和用人企业调查你个人经历的时候，他们都希望你能坦诚以对。

如果，你已经与一位熟悉你所在行业，并且掌握着一定工作机会的猎头建立了联系。那么，你必须使他相信你的经历、能力对某些工作岗位的重要性，以突出你的竞争优势。从评论你的工作经历开始，你可以根据猎头的建议，在履历表上列出过去工作中的重大表现。

留意电话里说些什么

当你确信回电话给猎头公司的行为是审慎的，就抓紧时间倾听他们要说些什么。即使你对他们的推荐不感兴趣，也要先听他们介绍，让其把话说完，直至弄清楚猎头公司的真实意图。你首先要弄清楚那家猎头公司是否可靠，可以问问他们公司成立了多久，总部设在哪里，有多少办公室，合作伙伴是谁，公司的网址等等，这些都有助于你判断他们是否值得信赖。再和他们聊聊人才市场的行情，谈谈某个具体的工作机会。问问他们提供的工作职位是什么?薪水有多少?此外，另一个很重要又有趣的问题是，究竟他们是通过什么渠道知道你这个人的。因此，得让猎头将谈话继续下去。如果你对其推荐的职位感兴趣，那么就更应该花时间搞清楚这个职位的详细情况。总之，要让他们觉得你很配合、很优雅、很有风度。

借猎头提升自己教你如何和猎头打交道

接到猎头的电话，表明猎头盯上了你，你已经上了猎头的名单。那么恭喜你！作为一位能力出众的人才，你首先得进入猎头的视野，成为他们人才库中的一员。猎头公司是不会随便找个人打电话给他的。情况就是这样。如果你一事无成、落魄职场，屡次碰壁甚至处在失业之中，猎头根本不会注意到你。正因为你不愁工作机会，不愁薪酬待遇，不愁发展空间--这也是你最大的“卖点”，让猎头垂涎。

再优秀的人才也可能会失业，曾经的事业再怎么辉煌，人在失业时找工作，也是需要费一番心思的。对大多数职场人士而言，在职业生涯中变换几次工作单位，甚至职业也是常有的事儿。但猎头来找你和你去找猎头则完全是两种境遇了。根据百大英才网资深猎头顾问的经验，个人职业生涯发展较好的人，不会等到他们被原来公司解聘或者对当前的工作完全绝望之后再去找猎头。因此，无论你是否正在考虑换工作，当这样的机会找上门时，除非你真是忙得不可开交，不然都应该跟猎头谈谈。置身这个自由开放、资讯发达的现代社会，对于像你这样的精英人才来讲，抱有一种开放的态度是非常重要的。

另外，猎头通常也是一个不错的资讯来源。猎头打电话给你，可能是因为他有一个空缺的职位适合你。请他把职位描述用电子邮件发送给你，或者登陆猎头网站查看相关信息。你也可以借此了解自己在行业内的位置。他们对行业的就业状况有着较为全面的认识，能让你了解自己的薪资待遇是否合理，甚至跟你讨论你的工作前景，帮你分析你的职业生涯规划等。最重要的是，让猎头熟悉你之后，很可能会使你在考虑跳槽的时候就有好工作“从天而降”，从而找到一份更理想的工作！

因此，接受不接受猎头推荐的岗位并不重要，重要的是你被猎头注意到了，这并不是坏事。不管猎头推荐的职位是否合乎你的口味，你都应很有礼貌地表示感谢和关切。

3. 谈话决定身价

有个故事讲，在酒足饭饱后，国王问大臣：你们说，世界上什么最难？大臣回答："世界上说话最难。"大臣没有说出来的隐含的意思是：说话最难，尤其是和国王说话最难。

在一次培训中，笔者也问在场的学员："你们认为自己很会说话的，请举手。"35个培训学员中只有2～3个人举了手，还是犹犹豫豫的。

是呀，凡是有一定工作经验的人都知道，说话容易，但是要把话说到位，非常困难。有的管理者讲：我招聘人的时候，看他能力的高低，就看他说话的水平的高低。说话多么重要！到底要怎么样才能说好话呢？这里有几个技巧和大家分享。

不要人云亦云，要学会发出自己的声音。老板赏识那些有自己头脑和主见的职员。如果你经常只是别人说什么你也说什么的话，那么你在办公室里就很容易被忽视了，你在办公室里的地位也不会很高了。有自己的头脑，不管你在公司的职位如何，你都应该发出自己的声音，应该敢于说出自己的想法。

有话好好说，切忌把与人交谈当成辩论比赛。在办公室里与人相处要友善，说话态度要和气，要让人觉得有亲切感，即使是有了一定的级别，也不能用命令的口吻与别人说话。虽然有时候，大家的意见不能够统一，但是有意见可以保留，对于那些原则性并不很强的问题，有没有必要争得你死我活呢？的确，有些人的口才很好，如果你要发挥自己的辩才的话，可以用在与客户的谈判上。如果一味好辩逞强，会让同事们敬而远之，久而久之，你不知不觉就成了不受欢迎的人。

不要在办公室里当众炫耀自己。如果自己的专业技术很过硬，如果你是办公室里的红人，如果老板非常赏识你，这些就能够成为你炫耀的资本了吗？再有能耐，在职场生涯中也应该小心谨慎，强中自有强中手，倘若哪天来了个更加能干的员工，那你一定马上成为别人的笑料。倘若哪天老板额外给了你一笔奖金，你就更不能在办公室里炫耀了，别人在一边恭喜你的同时，一边也在嫉恨你呢！

办公室是工作的地方，不是互诉心事的场所。我们身边总有这样一些人，他们喜欢向别人倾吐苦水。虽然这样的交谈能够很快拉近人与人之间的距离，使你们之间很快变得友善、亲切起来，但心理学家调查研究后发现，事实上只有1%的人能够严守秘密。

所以，当你的生活出现个人危机，如失恋、婚变之类，最好还是不要在办公室里随便找人倾诉；当你的工作出现危机，如工作上不顺利，对老板、同事有意见有看法，你更不应该在办公室里向人袒露胸襟，任何一个成熟的白领都不会这样“直率”的。自己的生活或工作有了问题，应该尽量避免在工作的场所里议论，不妨找几个知心朋友下班以后再找个地方好好聊。

说话要分场合、要有分寸，最关键的是要得体。不卑不亢的说话态度，优雅的肢体语言，活泼俏皮的幽默语言这些都属于语言的艺术，当然，拥有一份自信更为重要，懂得语言的艺术，恰恰能够帮助你更加自信。娴熟地使用这些语言艺术，你的职场生涯会更成功！

有一个道理是：成事不说、遂事不谏、既往不咎成事不说就是公司或领导已经决定的事情就不要评价，不要给出自己的想法和建议，无论你认为这些建议和想法对公司有多大的好处都要坚持不说的原则。但是在公司决定以前一定要把自己的想法说出来，这是你的职责，决定事情是公司领导的事，我们要认识清楚自己的职位和存在价值，不要给出超越职权的建议和想法，否则受到伤害的是你自己和公司。

在生活中也是一样，你太太炒菜，四个菜中只有一个好吃，你吃饭的时候会说那三个不好吃，还是说那一个好吃呢？一定是说那一个好吃，因为你说那三个不好吃也没有用，再说好不好吃她和你一样清楚，为什么要说呢？工作中，这样的事情也经常有，总部任命了一个分公司经理，你自认为对他比较了解，他一定会把分公司搞垮。这个时候你要说吗？如果你说了，难道就能改变总部的决定吗？如果改变了，总部的权威何在！说了，反而增加了总部对你的看法：这个小子，总是这么窜，就你厉害，我们都是傻瓜，等着瞧，有你好受的。最后受害的是你自己。所以说要在事前，而不是事情已经决定了以后。遂事不谏是说正在做的事情，也不要去劝谏。如果他是错的，就让他错到底，最后再来总结和检讨。

对于企业来讲老板和经理每天都在做很多决策，有资料统计显示，最优秀的决策者也不能保证决策的准确性，正确的决策只占总决策的七成。我们都知道正确的决策要比没有决策要好，但是企业经常是没有决策或者是有错误的决策。如果比较有错误的决策和没有决策这两者的时候，就会出现争议。到底是有错误的决策好，还是没有决策好呢？我认为，没有决策会导致企业一盘散沙，没有主心骨，不知道自己发展的方向，是企业的内伤；有错误的决策可以使企业损失时间和金钱，是企业的外伤。相比较之下还是暂时损失金钱和时间，也比企业的内伤来得要好。

所以我们看到企业中经常有这样的现象，基层的员工明明知道这事是错的，但是总部还是要求坚决贯彻执行，基层员工这时可以做的唯一事情就是，坚决执行错误的决定！而不是去说，去评论。基层知道事情是错误的，难道总部不知道吗？地球人都知道！但是如果不做，损失的就是总部的权威，如果做下去，只损失金钱和时间而已，以后的正确决策可以赚回来。既往不咎是已经发生的事情不要去追究。这是说我们要适度地追究责任。不是什么事情都要追究到最后的责任人，才罢休。有些小事情，过分地追究，可能伤害别人的面子和积极性，以后的事情就不好做了。

前一段时间，我的一个朋友结婚，在新婚之夜，发现了新娘的一个秘密，到底是说，还是不说呢？已经是过去的事情了，追究还有什么意思呢？就假装不知道吧！这个原则是针对一些聪明人适用的，你不追究，对方也知道自己错了，双方都心知肚明。但是对于一些没有自知之明的人，还要经常敲打一下，要追究责任到人，否则对方不能得到提高。

不同事情，不同说法好事情，用播新闻的方式。前一段时间，培训部外请了公司的一位兼职讲师。我旁听了他的课程，想学习一点东西。课程快结束的时候，我回到了办公室，对其他的同事说："没有想到他的课程，这么好，想不到，真是想不到。有些人是天生适合做讲师。"过了一会，课程结束了，他走出了办公室，和大家聊天。突然问了我一句："你觉得这个课程怎么样？提点建议，我也好有个提高。”我一下子没有反应过来，想要怎样说才能即不恭维又恰当。旁边的同事搭腔说：“他刚才说，没有想到你的课程讲得这么好。我们都要向你学习呀。”我们双目对视了一下，他脸上洋溢着幸福的笑容，从此我感觉他对我的态度好多了。

这个故事就是我无意中用了好事情播新闻的方式。我们中国人不习惯赞美别人，把对别人的赞美埋在心底，总是通过批评别人来“帮助别人成长”，其实这个想法是错误的，赞美比批评带给别人的进步要大。别人有了好做法、想法就要赞美，要夸奖，只有这样才有完美的人际关系，才有以后成功的基础。

坏事情，先说结果。先讲结果，这样就有了沟通的底线，剩下的时间就可以用来沟通怎样解决问题。就像下面的货运丢了货物的故事：分公司货运到外地，丢失了货物，销售代表小王向经理做汇报。“经理呀，出事了。今天早上我去拜访客户，一到就听客户说丢货了。包被打开了，我想可能是被客车司机搞坏了，这里已经报警了，我们在现场取证……”“先别说那么多，告诉我到底损失了多少！”经理生气地说。无论这个事情最后的处理结果怎么样，经理对小王已经有了不好的印象。感觉他办事不牢靠，办事能力不强。

还有就是，怎样巧妙与老板谈薪论价呢？

这一类问题在应聘或面试时总是必答的，缺乏经验的求职者很可能不小心栽进主考官精心设计的陷阱，或因定位不准、处理不当而影响将来的收入或失去机会。

无论是求职还是跳槽，薪酬问题是都无法回避的敏感话题。

“您目前的薪酬情况怎样？”

“您的期望月薪大概多少？”

……

这一类问题在应聘或面试时总是必答的问题之一，缺乏经验的求职者很可能不小心栽进主考官精心设计的陷阱，或因定位不准、处理不当而影响将来的收入或失去工作机会。虽然薪酬问题很大程度上取决于老板，但个人努力在一定程度上也是能产生影响的。究竟怎样巧妙与老板周旋薪酬问题呢？金朋（上海）有限公司人力资源总监闵熔与中华英才网总裁张杰贤作为多年从事人力资源管理的资深人士，提出了他们的观点，颇具实用价值。

敲侧击巧报身价一般来说，你目前的薪资水平是未来老板“出价”的参照，因此大多数老板在面试新员工时都会问到，适当地回答这个问题很可能对将来的薪资有利。闵熔认为，当被专业的人事经理问及此问题时，比较艺术的方法是避免正面回答，采取“旁敲侧击”法。先不急于报“实价”，以免今后没有迂回或进一步解释的余地，而是可以先简单向对方解释一下目前的薪资结构，如可以说“我现在的收入除了每个月固定的工资之外，还有奖金、房贴、车贴等等”，然后顺带说到某几个部分具体多少，这样一来，即便没有直截了当地报出身价，对方简单一估算，也能大致明了。

张杰贤则特别告诫求职者，报价一定要实事求是，不要期望通过抬高目前的薪资来“抬身价”，现在越来越多的公司或企业都会要求求职者提供薪资证明，如过去一年的工资条等，在这样的情况下，身价“掺水”很可能会弄巧成拙，反丢了个人信誉。

准确定位直呈期望“期望月薪”也是求职者的必答题之一，而恰恰也是他们比较头疼的难题。闵熔认为，在面试中被问及这个问题时，求职者最好先自己权衡一下，对方是在试探你还是真正进入实质性谈判了。一些人事部经理会拿这个问题作为对应聘人进行考察的一种手段，对付这种情况最好的方法是使用一些“外交辞令”，如回答：“薪酬不是我的首要考虑因素，我更看重的是在贵公司的发展前景”等等。而如果是经过几轮面试，双方已经进入实质性谈判阶段，这时就应当抓紧机会，委婉地说出自己的期望值，如果再拖泥带水、遮遮掩掩就会错失良机。

那么怎样合理地定位自己的薪酬期望值呢？要做到准确定位，首先要对市场行情、大环境比较了解，才市、行业某一阶段的景气状况直接影响到员工的薪资待遇。然后在此基础上提出合情合理的期望。闵熔说，按照目前的行情，拥有3—6年工作经验的求职者跳槽后薪酬增加的幅度一般在20%左右，过去IT业技术人才每跳一次槽薪酬涨幅达50%以上，甚至100%，这样的情况近两年来已经很少见了。

张杰贤也提出了类似看法。他说，一些人跳槽后脱离目前的薪资情况，凭空要价的做法不可取。首先，求职者大可不必担心因自己“要价”低于公司“出价”而吃亏，正规的单位不会贪这样的小便宜。一方面，这样的公司都有一套明确而完整的薪酬体系，不合常规的随意变动只会导致组织内部薪资结构失衡，从而影响整个组织的有序管理。另外一方面，如果你确实是公司中意的优秀人才，从留才与激励的角度出发，公司也会给出具有竞争力的薪资。其次，如被未来的老板发现你的期望值远远高出目前的薪资水平，则很可能引起他的不满，于己不利。

此外，张杰贤还特别提醒求职者，在报期望值时，最好折算成年薪。因为各个公司薪酬福利的结构可能大不相同，特别是每月固定工资之外的其他福利待遇差别很大，因此只有以年薪的方式才能涵盖所有的收入。特别是对于非现金部分一定要说清楚，否则很可能吃亏。

审时度势妙提加薪如果对薪水不满，是否可以主动向老板提出加薪？有没有技巧可言呢？这是令很多人困惑的问题。闵熔认为，如果员工对自己的业绩比较自信，并且经过明察暗访，知道自己的薪水在同行或公司同等职位员工中偏低，可以主动向老板提出加薪，但必须是在时间、地点、场合条件都具备的情况下。

最佳谈加薪时机一般公司每年年底时都会进行这一年的业绩评估，根据评估的结果在第二年的年初会进行职位、薪酬等各方面的调整。因此在评估结果出来之后，如果自己的业绩不错，与其他员工进行合理比照后发现有加薪的空间，那么可以以业绩为资本向老板提出加薪，这样做成功的可能性较大。

冒险谈加薪在对薪情充分了解，对业绩也充分自信，同时还留有“后路”的情况下，可以寻找一个与老板一起比较休闲的时机，如公司活动、节庆等，在轻松的气氛下适时给老板一点非正式的暗示，一次不奏效，多试几次往往能引起老板警觉。但这样的方式要冒一定的风险，所以一定要把握分寸，找准时机，否则可能“偷鸡不成反蚀把米”。

另外，一定要适应老板“先干活、后加薪”的方式，没有业绩，加薪就免谈。特别忌讳的是拿其他员工的薪水跟自己的比较，以此向老板要求加薪，这种做法万万不可取。一般公司都有“不要打听其他员工的薪水”这样类似的规定，所以千万别犯了大忌，非但加薪不成还可能被炒鱿鱼。

4. 如何应对猎头的面试

当今猎头行业的发达程度已经不是十年前所能比拟的了，尽管因为金融危机，不断有猎头在倒闭，但是新兴的猎头公司仍然如雨后春笋般地冒出来。于是，有依赖专业猎头的，有为了省心省力的，有赶时髦的，总之，很多公司开始委托起猎头招聘。由此，对于应聘者来说，就迎来了去猎头公司面试的经历。

相信，这里凡是学日语，力图进入日企发展的各位很少有没到猎头登陆过的。当然，每个人对于猎头的褒贬不一，有通过猎头找到好工作的，也有去过猎头就杳无音讯的。我想说，这其中有个中原因，不能一概而论，这里也就不作详述。只是自己利用些经验，来给大家解读一下如何更有效地利用猎头找到工作。

第一、尽可能当场去面谈，注意同猎头保持联系。

有些人在职，觉得把有限地假期用于一个中介机构的面试实在浪费；有些人觉得，猎头的登陆流程和手里的职位大同小异，去过一两家便不想再去其他家。当然，每个人有自己的想法，这都无可厚非。如果你不愿到猎头公司登陆而一定要选择电话面试，那么对于猎头来说自然也是一件省体力的事情。但是这样做，对人才自己并没有好处。也许你不知道，一个猎头一天要面试多少人，那么我告诉你，我一般一天会面试五到十人。那么一个月至少就是一两百人。

如果你是硬件优秀，美若天仙，经验丰富，能力超强的稀有人才，那自可不必稀罕猎头的面试，只要将简历挂在网上，自然会有公司主动登门。可惜，大多数人都是平凡的，或者是或多或少有缺陷和硬伤的。所以，要想让猎头推荐你，首先要让猎头记得你。人的记忆力是有限的，面对那么多只是打过一次照面的人，当出现合适的职位的时候，能够想到去推荐你已经是你的幸运了。而人的所有反应中，视觉印象是最为深刻的。于是可以得出，见过面的人比没有见过面的人被猎头记住的概率要高好几倍，那么遇到好的机会被推荐的机会也会多出很多。

当然，如果实在没有办法亲赴猎头公司面试，那么也记得向电话联系你的猎头索要联系方式，也可以主动提供MSN等。当然，即使你去猎头登陆过，经常在MSN上保持联系也没有什么坏处。这样不仅加深猎头对你的记忆，而且容易加深猎头对你的了解，开拓出你新的职业路径，更可以通过不断了解成为好朋友，那个时候，猎头给你的推荐就完全是为你个人的前途着想了。还是之前的那句名言：要像蚊子一样整天盯着猎头。

第二、挑选属于你自己的面试时间。

去猎头公司登陆有一个好处，就是可以自己决定时间。可是，兴许是大部分人都习惯于睡个懒觉吃个午饭去面试吧，所以猎头公司都是在下午一点到三点进入高峰时段。的确，人是习惯于跟从的，就像每天上班二号线最末节车厢如此之空，大部分人还是会挤在列车中段一样。不过试想，当大家都挤在一个点去猎头公司面试会如何。猎头公司是体恤人才的，是不愿意让人才白白耗费宝贵的时间用于等待的。于是，高峰时间唯一的策略就是加快每一个人才的面试时间。所谓面试，是要看到你简历里没有的东西，是要发掘你的潜能，以及探讨一下最近职位的招聘状况等。如果时间仓促，那么只剩下确认基本信息和测试口语能力的面谈，等于和没来一样。而对于一些没有工作经验或者自身条件不好而难以推荐的人来说，则更会遇到谈不到几句就结束面试的窘境。这样过场般的面试，自然你没有办法把自己的想法表达出来，猎头在不久的未来也会把你彻底遗忘。

那么，怎么解决这个问题呢。很简单，挑选冷门的面试时间。你可以赶早，比如九点到九点半之间，因为一般大多数人都起不来，没人和你抢，你可以尽情地和猎头聊。但是特别提醒，周一一大早大家都患有周末综合症，猎头也是，整个人昏昏沉沉的，所以你去面试猎头也无心对应，效果就不会太好。另外一个比较好的时间是黄昏十分。比如下午四点到六点，这段时间也是猎头公司相对比较空的时间段。尤其是五点以后，很多公司已经下班，不太会给猎头发送求人案件，那么猎头既没有了推荐人的任务，自然也就有时间来与你面谈了。不过需要注意的是，尽量不要拖到很晚如七八点才去猎头公司面试，没有人心甘情愿无偿加班，尤其是周五晚上。

第三、去猎头登陆也要准备，猎头公司的面试决定推荐的职位层次。

有些人才的确是经验丰富，知道猎头公司并不是最终的用人公司，只是一个中介机构，那么面试的流程没有必要像到用人公司那么拘谨。不错，到猎头公司面试，你不必打领带，穿正装，虽然真的这么穿会给猎头留下严谨的好印象。不过，这并不意味着你不需要去精心地准备。

举个最贴切的例子，以日企猎头为例，很多职位对日语能力有一定的要求。那么猎头公司的一道必经程序就是日语口语的测试。其实，在每一个人才测试完日语口语后，测试者都会给出一个评分，今后的推荐就是依照这个评分来做出的。比如职位需要六分的日语，你的评分只有五分，那么只能遗憾地告诉你，没有办法推荐。毕竟，猎头也不能冒着被客户责难的风险来推荐。所以，有些人因为不准备，比较随意，而使测试时分数低于甚至远低于自己正常的水平。这样，也就在今后丧失了很多好的工作机会。包括其他一些方面也是，言行，举止，性格等都是一个猎头重点考察的内容，也将决定你今后能否获得好工作的推荐。所以说，去猎头公司登陆一定要好好准备，甚至要比去用人公司准备得更充分。因为去用人公司面试，准备不佳只是一次面试失败，而去猎头公司面试，准备不好可能导致你丧失一系列应得的面试机会。

第四、对猎头请说实话，猎头会帮你润色。

很多人很谨慎，不愿意透露经历里负面的东西。比如明明找了半年没有找到工作，却说是回老家休息了一段时间最近才开始找工作等等。其实对于一个有一点招聘经验的人来说，类似的谎言是一下便能看穿的。

从纯利益角度来分析，猎头只有通过千方百计推荐人才被公司采用才能获得中介费用。所以猎头主观上肯定是希望推荐的人才被公司录用的。所以要相信，这个时候，猎头是站在你这边的，虽然猎头收取的是用人公司的费用，但是没有人才就不可能得到这笔费用。所以这个时候与其说猎头是用人公司的第一道面试关卡，倒不如说，猎头是人才的同盟。所以，请务必对猎头透露实情，尤其是工作时间和内容上的改动。因为猎头有经验，知道什么地方可以作假，什么地方不可以作假。不要怕因为自己作假被猎头鄙视，其实有时候猎头比你都想为你作假。

这里要特别说明一点，通过猎头投简历和通过网络投简历有什么不同呢。那就是猎头对招聘公司的职位要求非常熟悉。这不仅体现在条条框框的招聘要求上，更体现于猎头对招聘公司内部氛围，该职位领导性格，曾经采用的人的类型和一些隐性要求非常熟悉。这样的情况下，猎头在推荐的时候，都会对人才的简历做出不同程度的润色，以求最大限度地满足招聘条件又不失真实。所以让猎头了解你的实情，有助于对你简历的“完善”。

第五、如果你从事的行业很偏，请给予猎头指导。

猎头行业由于其本身的行业特点，其从业人员几乎都为文科出身。所以面对理工类人才，尤其是一些高新技术，专业性很强，行业或职种很偏的人才，把握度也就变得极为低下。很多时候，猎头遇到这样的人才非常头痛，因为根本连人才的简历都看不明白，搞不懂人才究竟是干什么的。人才对自己的专业领域侃侃而谈，猎头也就听了一知半解，又不能表示自己的无知。其实，术业有专攻，有些东西不懂也很正常。但是当猎头都不知道人才适合于什么职位的时候其实是很危险的，那就表示，即使当即有一份非常适合的职位放在面前，猎头都想不到去推荐这个人。所以，如果你从事的行业很偏，请主动给予猎头解释和指导。不要觉得自己是高端人才应该让猎头去了解你去发掘你，这样的结果就是让你烂在猎头手里而得不到推荐。我之前遇到一个人才，从事的行业也很偏。他就主动告诉我，一般招聘适合他的职位，职位要求里都会出现什么什么样的字眼。这样很好，我很感谢他。实际上，他也在为他自己创造更多的机会。

第六、即使你找到了工作，也请尊重猎头。

有些人找工作时，对猎头非常客气，天天一个电话来拜托。而一旦找到了工作再去联系他，却突然变脸，态度僵硬。固然，猎头和人才之间存在着一种潜意识的利用关系，但是毕竟人要有感恩之心。人才在为猎头提供收入，而猎头在为人才搜寻工作，可谓互帮互助。

固然，你可以说，当你找到工作的那一刻起，这种互帮互助就结束了。那么，难道你就保证今后不再跳槽。即使不想跳槽也有可能遇到公司倒闭或裁员等突发情况。所以我奉劝一句，即使你找到了工作，也请为自己留下后路。毕竟猎头对于人才的评价是永远留在猎头公司的人才简历上的。即使将来换了担当，也会参考以前的评价。那个时候，真的是把自己的求职途径越走越窄了。

5. 精英如何与猎头打交道

如果某天接到了猎头的电话，可别得意太早，猎头找到你，只表明你可能会有好的职业机会，但仅仅是可能。要知道，猎头会搜遍每一个可能存在合适人才的角落，初选出一个长名单（也许几十、也许上百），然后通过直接接触的方式，筛选出一个短名单，再经面试等多重考察，直到交给求才公司时才是最难取舍的几位候选人，最后敲定唯一的“真命天子”。既然如此，你现在的阶段，还只在长名单上，竞争会很厉害。千万不要沾沾自喜，还是认真想一下如何表现你的才干和自信。

下面就介绍一些在与猎头沟通时必须注意的要点：

诚信为本—“诚信”是高级人才市场上出现率最高的字眼。不想失去大好机会却用隐瞒掩盖自身缺点的方式无异于“玩火”。要相信从猎头约见你时，你们双方便处于“同一战线”，是友非敌，你若坦诚相待，猎头会技巧性地帮助你分析、沟通，解决问题，只要不是原则性问题，相信客户也能够谅解。你成功，猎头也成功。

平和有礼面对猎头和客户时心态要平和，礼仪方面不可忽视。有些候选人认为自己和猎头平等合作的关系，在态度上便过于放松有所怠慢，让人感觉傲慢不羁，难以驯服。正因为是平等合作的关系，便更要遵守面试程序、尊重面试习惯，不要随便端架子耍大牌，否则难免落得缺乏最基本的礼貌，没有团队合作精神的评价，现在最强调的便是团队合作精神，况且现在还是买方市场不是卖方市场。

不自贬身价是的，这不是笔误，不是“狮子大开口”而是“不要自贬身价”。这两者针对不同人群，前者针对那些不放正自己位置就会成为“海待”的“海归”，而后者针对美国Top20、英国Top10 的“金字海归”。要相信自己的实力，不要因为一时没有机会就失去自信贬低自己的身价。这个时代最不缺乏的就是机会，只要你有实力，猎头会帮助你把握住最好的机会证明你的自身价值。

明确职业发展目标猎头并非职业顾问，他只能从你的简历、你主观的喜恶中来判断你接下去的职业发展方向。所以，在找猎头前，先明确自己的职业发展道路，规划职业生涯。

着装与行为与猎头面试时，穿着也很重要，整洁大方是基本。男性最好要西装领带，显出职业化；女性最忌太露、太紧。还有牛仔类服装会显得过于休闲，并不适合这种场合。

与人谈话时，眼神必须专注，不能东张西望，尽量改掉一些不好的小动作，比如抖腿、身体摇晃等。记得关上手机，过多的电话接听会使人感觉你对这次机会并不太感兴趣。

资深猎头表示，随着人才优化配置的需求增加，越来越多的优秀人才极有可能在各种不同的场合碰到形形色色的猎头公司的人事顾问。同时越来越多的优秀人才在打算改换门庭跳槽时想到猎头公司，但如何同猎头公司打交道，恐怕不是人人都了解的。

除了向猎头公司提供个人详细的履历、文凭证书等资料外，更要向经办的人事顾问介绍自己真实的离职原因、目前的收入状况、曾参加过哪些企业的面试等，以便人事顾问心中有数。

要请猎头公司有经验的人事顾问大概介绍一下市场走势、薪资行情、目前资源配置情况以及求职者个人目前所处的层面，使求职者本身对自身有个清晰的认识。

不要拒绝猎头公司提供的机会。如果接到猎头公司的电话时，感到谈话不方便可以委婉地说："您留个电话，我过会儿打给您好吗?"猎头公司有经验的人事顾问马上能心领神会。不管猎头公司推荐的职位是否合乎口味，都应很有礼貌地表示感谢和极大的兴趣。合适的当然可进一步深谈，不合适的也要说明不去应征的理由。

要积极配合人事顾问。在参加由猎头公司推荐的面试之前，应先同人事顾问详细探讨不同职位的职责和要求，仔细聆听人事顾问对该企业文化背景的描述以及面试的要求和注意事项等。如果求职者本人的履历内容有更改，应带上最新的资料前往面试。

正规的猎头公司是不向个人收费的，而仅向企业收取服务费。

"中国猎头顾问网"网站做了一个热点调查，主题为"当您接到猎头公司打给您的电话，会如何反应"，调查对象为高层次专业技术人才和优秀管理人才。该调查历时3个月，总共有500人参加了投票，调查结果为：66%的投票者表示"感到高兴，非常乐意深入交谈"，30.5%"觉得意外，保持一定戒心"，"拒绝交谈，希望不要再被打扰"的占1.5%，"非常反感，质问如何被知道联系方式"的占2%。

以上的调查结果表明，"猎头"这一在四川起步还不久的新生事物已渐渐为人们所认识和接受，并逐步受到高级人才的欢迎。被猎头"盯"上的人才开始意识到，机遇在向他招手。但也不难看出，仍然有相当部分人才对猎头保持戒心。也许是“猎头”这一行业还没有完全揭开它那神秘的面纱，或者是人才对本土的猎头公司信心还不足，他们还不能放开顾虑，把猎头当成自己职业发展的战略伙伴。

如何让猎头与您更接近，成为您事业发展的顾问，我们结合多来的猎头工作经验，与您分享一些观点和体会。

为什么要和猎头公司接触?

高级管理人才和技术人才是企业的核心竞争力。企业的发展必然带来对高级人才的大量需求，而常规的招聘方式从质和量上，均很难满足企业对高级人才的迫切要求。很难想象在一般招聘会上企业能找到CEO、CFO；已经小有成就而跻身于高级人才的您，还会在人山人海的招聘会上寻找自己下一个梦想吗?

何不跟猎头公司接触，拥有自己的职业顾问?在你的事业出现转折点时，猎头公司可以帮你分析、咨询，带给你新的机会和崭新的事业，帮你完成职业转换。猎头公司推荐人非常谨慎，不仅凭你提供的简历就推荐你，而是要深入了解你的经历、能力、性格、你现在的职业状态和将来的规划。正规的猎头公司考虑的是企业和个人的双赢，既帮助用人企业谨慎求贤，同时也对候选人本身也抱着认真负责的态度，充当职业顾问的角色。所以对大多数人来讲，主动和猎头公司接触，让猎头了解你，是非常可取的职业发展的战略方式。

以往人们不断的传说有关猎头的话题，或是朋友的传言，或是亲自接到过“猎头”来的电话，但人们还是在纳闷，他是怎么找到我的?我的情况他们怎么会如数家珍?连我的电话也都清楚?

因为猎头公司注重人才的质量，因此只有优秀的人才才能引起猎头公司的注意，作为个人在对待来自猎头公司的电话当然要给予关注。但猎头公司对自身信誉的关注，促进了职业阶层对职业信用的重视。

作为一个职业经理人，要考虑和猎头公司打交道就要有这样的思想准备：

1．我现在的职位还有迁升的机会吗？如果没有的话，为什么要拒绝猎头公司呢？

2．我是那种善于应付挑战的职业经理人吗？如果我现在的工作已经没有什么挑战性，那么我要由猎头公司出面帮我找一家具有挑战性的工作当然是好事情了。

3．如果和同行业的同职位的经理人相比，我的薪资也没有具备竞争力，那我为什么要拒绝猎头公司提供的机会呢？

4．如果我在的是一家并不知名的公司任职，虽然一切都很顺利，但此时猎头公司提供的机会是一家比较知名的企业，那为什么不考虑呢？相反，如果我在的是一家大公司，并且福利待遇都不错，而猎头公司给我提供的是一家规模并不大，但却是一家蓬勃发展中的公司，职位和薪水都和自己的要求并不远，那你的确要很好地考虑，并应该给猎头公司一个比较确切的答复，即便是拒绝但也要比较委婉地说出，相信猎头公司的顾问会理解的。

5．在接到猎头公司的电话，一般不要急于拒绝，要听清楚猎头公司的意图，接受不接受其实并不重要，重要的是你被猎头注意到了，这其实并不是坏事。如果你觉得真的是被“骚扰”了，你不妨对猎头公司直言，相信，猎头公司的顾问不会再找你。

6．如果你要准备和猎头公司联系，一般情况下不会遭到猎头公司的拒绝，只要你能够证明你自己的优秀，你一定会吸引猎头公司的注意。当然你可以和多家猎头公司联系，但要注意的是，如果一旦你被几家猎头公司同时“相中”并受到推荐，对你来说可能是一件好事情，但如果猎头公司知道了，你的价值可就要打折扣了，也许你今后可能被列入猎头公司的黑名单，那就是十分遗憾的事情了。

如今，不少人可以发现周围的人因为猎头公司的介绍而找到了理想的工作与职位，也常常会有莫名其妙自称是猎头公司打来的电话—的确，当我们还没有完全理解这一新生事物的时候，猎头公司已悄悄进入了我们的生活中。

猎头公司的出现，促成了社会经济体系中人力资源的流动和合理配置。猎头服务已成为企业求取高级人才和高级人才流动的重要渠道。

经济的日益开放令中国企业面对的竞争日益加剧，由此而来的竞争手段也越来越国际化。作为一种广泛为国际企业用来挖掘人才的手段，猎头公司也由泊来品走上了中国企业经理人的案头。猎头服务是企业人力资源工作的有效拓展。猎头公司凭借其专业的人才和渠道，为企业提供经济、高效的服务。它在人才和用人公司之间架起一座桥梁，把人才从一个不能充分发挥其能力的岗位换到可以让其大施拳脚的舞台。这是对人力资源的有效释放。

不过，猎头是一种服务。服务则有一个过程，付给猎头公司的费用买的也是服务过程。企业在决定选择猎头服务时，必须对自己的期望以及猎头公司的运作有一个比较清晰的了解，积极参与猎头公司的服务过程，才能成功地猎取自己所需要的关键人才。

中国猎头行业的发展是与引进外资联系在一起的。东方赛博总经理申跃胜说道：“我可以肯定地说，90%在中国投资的跨国公司都在使用猎头服务。”这些外资公司为了尽快适应市场需要，他们去委托一间能明白他们企业要求、帮助他们解决困难的“猎头公司”为他们寻找一个熟悉本土文化、工作习惯、竞争规则的关键人才。

猎头服务实际上在起着一个推动中国企业走向世界、帮助跨国企业进入中国的桥梁作用。猎头公司致力于为中国市场的国际化这辆高速列车铺设人才铁轨。

有关人认为，中国企业通过猎头公司寻找的主要有两类人才：一个是短期的技术性人才；一个是长期的战略性人才。对于前一类人才，主要是由于企业中的一个部门表现不好，希望从外面招人去重组，也就是为一个特定的方案寻找人才。后一类人才，通常又称为才能搜寻。这时，企业并没有一个特别的职位说明。比如说，企业需要找一批29到35岁，在中国一些著名大学毕业，然后去国外学习或工作了一段时间，有兴趣回国工作的人。

不同的猎头公司有不同的猎头程序细则，但通常的猎头业务综合起来主要有以下几个步骤：分析客户需要，根据需要搜寻人才并进行面试、筛选，最后做出候选人报告供客户决择。

优秀的猎头公司对前期工作不遗余力。当接受客户的委托后，会了解客户公司的背景、企业文化、薪水福利，及该公司的需要和困难。并会面见需要人才企业的经理人，请他描述对候选人的专业、素质、道德价值的要求。

为了切实理解客户的需要，有的猎头公司甚至派人去客户公司工作一段时间，亲自了解和体会其文化、员工关系、组织结构等。这样做的结果往往使猎头公司做到有的放矢，最后经其推荐的候选人被客户聘用的概率大大提高。

猎头公司也扮演着顾问的角色，对一些客户的要求进行分析并提出自己专业的意见。双方基本达成共识，猎头公司便会出一个建议书来总结双方的共识。

搜寻手段和渠道是猎头服务专业性最直接的体现，猎头公司一般都会建立自己的人才库。优质高效的人才库是猎头公司最重要的资源之一，对人才库的管理和更新也是他们日常的工作之一。

通常，他们在接受客户委托后，搜寻工作的第一步是搜索其人才库，查找基本匹配的人才，然后进行筛选。

但是，在多大程度上依赖其人才库往往也反映了猎头公司的专业性，因为人才库的作用是有限的。猎头公司更多的是需要主动去发现和寻找人才。这样，一旦接到委托，就知道上哪儿去找人才，甚至是直奔目标而去。由于目标性强，这样搜到的人才通常都很接近客户的需要。

对人才的能力和价值进行考核和判断是猎头找到候选人后的一项重要工作。面试中的考核标准是猎头公司专业性的另一体现。

衡量高级人才的一个重要依据是其过去的工作经历。他们过去工作过的公司、担任过的职位，就是其能力的极好见证。因此，专业的猎头公司一般都要做参考人查核，即向候选人以前工作单位的上司、同事了解有关情况。

猎头公司通常在4～6周内出一个初选名单。在做最后取舍之前，还有一项很重要的东西，就是候选人的雇主可能会出高价留人。如果猎头公司事先没有这方面的准备，很可能导致猎头工作的流产。所以，猎头公司对分析和筛选的工作一定要做足，客户的最后取舍应该只在两三个人之间。

人才招聘本应该是公司人力资源部的事，为什么要委托给猎头公司去做呢？“公司的人力资源部掌握的资源有限，没有足够的精力和渠道，”泰来猎头咨询事务所所长纪云说，“猎头公司则是由专业的人、利用广泛的资源来做，可以做得很专业。”

猎头是一种服务，任何服务的质量总是体现在服务的每个具体环节上，每个环节的质量都将影响整个服务的质量。因此判断一个猎头公司的服务需要从其服务环节上进行考查。

区别一个猎头公司优秀与否的一个重要标准就是看在这个最不容易看得出工作的地方做了多少工作。平庸的猎头公司草草分析职位的要求，急急地按客户的描述去搜寻人才，因为前期工作没有做足而事倍功半的例子并不鲜见。

好的猎头公司不仅仅按照客户要求去寻找人才，在寻才过程中还应起到顾问的作用。它应该积极思维，站在客户的立场为客户服务。

优秀的猎头公司按要求寻才，又不拘于客户的要求。他们善于运用他们的专业知识和经验，为客户提供咨询和顾问作用，帮助客户进行分析和决策。虽然用人的最后决策在客户自身，但猎头的积极思维和建议，却可以让客户的决策变得简单和容易。

猎头服务也包括“猎后服务”。为保证服务质量，猎头公司通常都会设有一个3—6个月的“保用期”，保用期内不论因为任何一方的原因而导致毁约，猎头公司都将免费为客户寻找新的人才。

人才就职后，猎头的工作并没有结束。猎头应经常地与客户和人才保持联系，为客户和人才的磨合提供润滑剂。爱立信公司作为猎头公司的一个客户，非常看重这一点，甚至将其作为优秀猎头公司和普通猎头公司的重要区别。

第七章

与猎头交朋友，成就职场

1. 橄榄枝更愿意抛向对它微笑的人

微笑，人类最为基本的一个动作，似蓓蕾初绽。真诚与善良都在微笑中洋溢着沁人心扉的芳香。微笑的风采，包含着丰富的内涵。微笑是一种可以激发想象和启迪智慧的力量。而人是微笑的唯一载体，这两个字在字词典里是没有褒贬之分的，这是人类特有的一种微妙表情，是人类的体态语言，虽然是不太确切的语言，但却可以形成一种无声的感召，形成一种理智的潜能，成为人与人之间交往的通行证。

自古至今，用微笑来扮靓自己、提升人格、感染周围的成功例子可以说是举不胜举。微笑早已经成为推销自己所必备的一种必然神情，也成为了一种德行，不但可以体验美，也可以收获美。

在某一个小镇上，住着一位非常富有的富翁，可是他却感觉不到快乐。有一天，这个富翁正垂头丧气的走在路上，这时，从他的对面走过来一个小女孩，小女孩用非常天真的眼神望着富翁，给了他一个很是甜美的微笑。这个富翁望着小姑娘天真的面孔，心中豁然开朗。富翁在想，生活中能拥有如此美好的微笑多好啊。第二天，这个富翁离开了小镇开始了去寻求梦想的征程，并且在他离开小镇之前，他还给了这个小女孩一笔很大金额的钱。

当富翁走后，镇上的人们都觉得奇怪，于是便纷纷问这个小女孩，根本就是不相识的富翁为什么会送给她如此这样一笔财富呢？小女孩依然天真的笑着说：“其实，我什么都没做，只是冲着他微笑了而已。”

是啊，一个如此善意的微笑，却换来了如此巨额的财富，听起来确实让人难以置信，或许有人会觉得这多少有些夸张，但这样的事情正是一个很好的证明，来说明微笑的力量，还有，微笑的价值。说不准在哪个瞬间，你的微笑便会为你带来机遇和财富。

有一家公司最后在面试几个应聘者，最后一道考题是去找一个脾气异常不好的人去拿一份非常重要的材料，有好几个应聘者去过后，都是被骂了回来，最后，只剩下小吴了，前面的面试者基本上都冲着小吴表示出了无奈的失望表情，但这个时候临阵脱逃也不是办法，小吴只好去接招。当小吴走到那人办公室外面的时候，听到里面的那位领导还在冲着电话听筒在破口大骂。小吴什么也没说，只是在点着头微笑着和那位领导打招呼。后来，当那位领导停下来的时候，小吴说“您好，我觉得您表达您内心愤怒的方式挺有个性，而且您也挺善于表达自己的情绪，应该是个比较感性的人吧”。再后来，小吴便顺利的拿到了文件，通过了面试。其实，原因很简单，就是真正发自内心的微笑，其中渗透着自己的情感，表里如一，丝毫没有任何包装和修饰的微笑最有感染力，可以说是“参与社交的通行证”。

微笑首先是会让你放松身体，继而放松心情。当整个人的身心状态都极为放松的时候，你所表现出来的自己便会是最好的，自然，给人的印象就是很好的，那么周围的人便会对你形成一个很优秀的不错评价，说不准在某一个什么样的瞬间，周围的某一个人便能够给你提供一个什么样的机会，可以帮你实现你的人生规划或人生梦想。我们来看一个微笑带来工作机会的案例。

在职场如战场的求职环境下，强手如林，竞争异常的激烈，想要从中找到自己的一席之地，开发出自己的潜能，实现自己的人生价值，这是每一个人都随时会遇到的一些不可避免的现实问题。在这个过程中，有很多的新人不仅仅需要具备良好的知识、素质和能力，而且还需要有着积极的心态和充满着自信的微笑。

小丽毕业于一家比较有名的师范学院中文系，在现在的这个工作岗位上也已经工作了整整两年的时间了。每当她看到很多在各大人才市场上穿梭的那些形形色色的求职者们，她总是会不自觉地想起自己的求职经历。回想起当时，小丽孤身一人远离家乡，到了一个遥远的陌生城市找工作，心情很是复杂。当时小丽在纷繁的报纸信息上搜索到一条对自己来说还是挺不错的招牌信息，满怀欣喜，于是，小丽决定去试试看。

按照招牌广告上所留下的联系方式，小丽向用人单位发了一封电子邮件，然后便开始上网搜索用人单位的一些情况，以便知己知彼，详细地来了解该用人单位的信息。几天过后，小丽意外地接到了这家公司人事部门经理的电话，让她在第二天下午的某个时间点到公司参加集体面试。为了准备一个很好的状态，第一天晚上小丽比较早的就休息了。第二天，果然有一种很是精力充沛的样子，小丽积极认真地把自己的简历以及所准备的各种相关资料都整理好，并且按照自己想象的需要次序排好放入包中，然后去冲凉、换衣服，在镜子前面仔细地检查了一遍自己的仪表，当她感觉还不错的时候，带着自信的微笑出发了。到了用人单位所在的写字楼下，小丽特别有礼貌的向大楼保安打听关于公司所在的楼层以及相关人事部所在的位置。站在人事部门门前时，深呼吸，微笑，然后自信的敲开用人单位的大门……后来，小丽成了这家公司的一名正式员工。在工作了以后的一次偶然机会里，小丽和人事经理聊天，问道经理选择自己留下的原因时，人事经理的回答让小丽倍感意外，人事经理说是小丽的微笑感染了当时的面试领导，是她的微笑让大家看到了一种其他求职者所不具有的信心，而她的名牌大学学历和自以为还不错的能力并不是当时被录用的主要原因。

小丽从自己一开始工作，就总是尽自己最大的努力保质保量地完成单位领导所交给自己的各项任务，晚上还加班把单位所常用的各项业务用心反复研读，她在最短的时间里把公司的业务内容都了然于心，也使得自己的工作更有把握。每一份私下的努力都会加倍的在公众面前表现出来，很快的，小丽便得到了领导的重用。小丽所接触的业务客户和公司事务也变得越来越多，在频繁的各种业务往来中，小丽无论对谁，始终都保持着一脸真诚的微笑。而这种微笑不仅为她赢得了在单位内的好人缘，助升了她在单位内职位的提升，更是在一个很偶然的机会里，他们单位和另外一个公司有业务往来的时候，小丽的微笑给业务客户的领导留下了深刻的印象，致使当他们业务合作完成之后，另外一个公司的领导向小丽抛出橄榄枝，想让她过去工作。

当然了，这种情况下，小丽是去还是不去，也要考虑另外其他很多方面的因素。但是她的这些事情都说明了一点，那就是微笑不仅仅是能够展示自己的自信，同时也是向人们或者说是向用人单位传递了一个很是积极的态度，所以说善于微笑的人总是能比那些习惯于板着脸的人更容易获得机会，各种各样的机会。

微笑是人类最好看的一种表情之一，是一句不用学习便可以由心而生的世界通用语言，如果每个人都能够擅长运用这样的一句世界语，让微笑组成人际关系的链接点，那么这个世界会更加美好，人与人之间的交流和沟通也会更好，每个人的发展空间和机遇也将会更多更广。因为说不准，你的微笑所感动的对方正是可以帮你实现你人生某个规划的“贵人”呢。

2. 与猎头保持通话

曾经有这样一个调查，是通过“中国猎头顾问网”所做的热点调查，主题是“当您接到猎头公司打给您的电话时，您会作何反应?”调查对象绝大部分都是高层次专业技术人才和优秀的管理人才。这项调查前后历时共3个月，参加投票的人数一共有500人，其调查结果显示，有66%的投票者表示他们会感到非常高兴，并且也很乐意再进一步深入交谈，有30.5%的人会觉得有些意外，并会保持一定程度上的戒心，还有1.5%的人会拒绝交谈，希望他们不要再来打扰自己，另外2%的人会在非常反感的情绪下质问对方是如何知道自己的联系方式的。这些调查结果表明，“猎头”这一事物已经不再是新生事物，已经逐渐地被人们所认知和接受，并且逐步的受到了高级人才的欢迎。被“猎头”盯上的人才们也开始意识到，机遇正在向他们招手。但是我们也不难看出，仍然还是有相当大部分的人才对于猎头保持有一定程度上的戒心，这或许也是因为“猎头”这一行业还没有彻底完全地揭开它那层神秘的面纱，又加上人才对本土的猎头公司信心还稍显不足，他们还不能完全的放开顾虑，真正的把猎头当成是自己职业发展的战略伙伴。

如果某天你突然接到了猎头的电话，首先一定要保持一个良好的心态，猎头找到你，表明你可能会有好的职业机会，但在事情明确之前，一切也仅仅只是可能。要知道，猎头会搜遍每一个可能存在合适人才的角落，然后先列出一个长长的名单，然后通过直接接触的方式，二次筛选，筛选出一个相对来说比较短的名单，然后再经过面试等等多重的考察，一直到交给求才公司的时候，才是最难取舍的几位候选人，最后关头再来敲定谁是唯一的“真命天子”。熟悉了这个过程后，你便会知道，其实在你刚刚接到猎头电话的时候，其实你还在最初的阶段，还只是在长名单上，你所面临的竞争还相当激烈，所以这个时候，不要在电话里表露出欣喜等过于兴奋的状态，还是认真思考一下如何表现你的才干和自信才好，那么下面，就来看一下在和猎头交流沟通时，你应该注意的一些要点：

第一，诚信为本。诚信是高级人才市场上经常出现的几个频率比较高的字眼之一。有些人既不想失去大好机会，又却总习惯用隐瞒的方式掩盖自身的缺点，这种方式无异于是在“玩火”。要相信一点，从猎头第一次约见你的时候，你们双方就已经处于在“同一条战线”上，你们已经形成了一种朋友的关系，如果你能够坦诚相待，那么猎头自然便会技巧性的帮助你分析一些问题，进而共同解决问题，只要不是太过于原则性的问题，相信大家双方也都能够互相谅解，以达到大家共赢的目的。

面对猎头的时候，除了心态要平和之外，礼仪方面也不可忽视，无论你和猎头之间是一种什么样的关系，都不能在态度上过于放松和怠慢。有些资深的猎头表示，随着人才优化配置的需求增加，已经有越来越多的优秀人才极有可能会在各种各样的场合遇到形形色色猎头公司的人事顾问，同时，也会有越来越多的优秀人才在打算更换门面准备跳槽的时候想到要寻找猎头公司，每个人与猎头之间的交流都越来越频繁与深入，可是，如何同猎头公司打交道的问题，恐怕不是每个人都十分了解的。

首先，除了向猎头公司提供详细的个人履历、相关证书等资料外，还要向经办的人事顾问介绍一些自己的基本情况，以便让人事顾问做到心中有数。如果可以的话，你还可以请猎头公司的相关人员大体介绍一下市场走势、薪资行情以及目前资源配置等情况，概括一下你个人目前在行业内所处的一个层面，这样会使得你本身对你自己有一个清晰的认识。还有就是不要拒绝猎头公司所提供的任何机会。如果当你接到电话的时候，正巧是在一个极为不方便的状况下，那么也别轻易的拒绝和猎头之间的交流，你可以选择比较委婉的方式，要求对方给你留个电话或其他联系方式，征求在你方便的时候反打过去联系他们的机会。一般来说，你委婉的拒绝词语对于猎头公司的人事顾问来说，他们都能够心领神会。无论猎头公司给你推荐的职位是否合乎你的口味，你都应该很有礼貌的表述感谢和有着很大的兴趣。如果可以，当然就相约进一步深谈，如果不合适的话，也要给对方说明你不去应征的理由。最后，你应该配合猎头公司的人事顾问，仔细的聆听他对该企业文化背景的描述以及面试时候的一些基本要求和注意事项等等。这是对对方的尊重，更是在为自己的职业规划铺就成功之路。

某个清晨，拉拉忽然接到一个电话，说是某个猎头公司打来的，拉拉听到后，一下子有点惊愕。刚毕业后工作不久的她虽然在单位表现不错，成绩也比较突出，但是对一个工作经验还并不丰富的新人来说，突然接到猎头的电话总是有些不太敢相信事情的真实性的。

拉拉听完对方的自我介绍和一些大体的职位描述后，敏感的提出了自己的质疑，问对方是通过什么方式知道自己的。对方的回答让拉拉有些不敢掉以轻心，拉拉婉转的拒绝了对方的邀请，但是对方却开出了以现在薪水2倍以上的诱惑条件让拉拉考虑一下。

此时的拉拉并没有跳槽的打算，但是她还是知道自己最好不要轻易拒绝对方，于是她找了一个很婉转的理由挂掉了猎头的电话。在这之后的半年里，陆陆续续的又有好几个猎头打来电话，拉拉依旧未为所动，但是拉拉都把这些猎头的电话和资料保留了下来，无论是偶遇还是真的，拉拉这样做都不失为很明智的一种做法。

传统意义上的猎头职位，人们总是会理解为中高层级的管理职位，一般从工作年限上来说，最低的也差不多需要3到5年，但是随着现代社会的发展与变迁，也会有越来越年轻的人会被猎头关注到。这里面有两种可能性，第一，年轻人所接到的猎头电话，有可能是猎头公司里的“搜索者”，这些“搜索者”们通过一些渠道拿到一些知名公司的人员名单，然后可能会一个个的打过去，实际上，他们很有可能并不知道对方的具体情况，更不了解对方的工作年限及其他一些情况，他们会在电话里尝试着详细了解你的底细，边了解边判断着你是否适合这个职位，最后得出一个相应的结论。第二，你接到的电话有可能并非是很正规的猎头公司，判断一下是否是那些以中低职位为主的人才中介公司，他们有的时候也同样是打着“猎头”的牌子，而实际上所寻找的不是“头”，而是“脚”。绝大多数年轻的职场人很可能碰到的会是后者，即便如此，也不要直接拒绝或者轻易的表现出强烈的不满和厌烦情绪。还是依然可以把这样的猎头造访当作是一次机会，面对机会的时候，应该保持一份冷静和清醒最为重要。

有人说，对于现在年轻的公司白领来说，跳槽似乎早已形成了一种常规动作。甚至有种说法是如果你跳槽不积极的话，那么就意味着你思维落后了，当然，这是一种夸张的不太健康的职场心态，但从中也反映出跳槽的确已经是无处不在了，那么为跳槽也应该随时做好各种准备工作，自然就不要轻易拒绝所谓猎头们给你打来的电话了。即便是一些小型的非正规猎头公司，即便他们所提供的职位不够好，但是这样的机会未必就一定不考虑，重要的是这样的一次人脉交流对自己今后的长久发展史很有好处的，累积如此的猎头信息，对自己也是有一定的好处的。如果有可能，你不妨先与提供工作机会的公司先来个直接接触，找他们的人事经理面谈一次，毕竟从猎头那里得到的信息难免会有失客观性。即便是不太方便详细在电话里谈论一些事情，也应该尽可能的向对方问清楚很多相关事宜，比如跳槽后拿到的薪水是税前的还是税后的，包不包括福利等等之类，当然了，问的越详细越好，这样会有助于你的全面客观判断。另外，还有一点需要注意，就是一般猎头在打电话给你的时候，都会把职位说的很好，包括名称、待遇等等之类的，你最好先在电话里询问清楚具体的工作职责，而不是仅仅听到好听的职位名称便表示出了强烈的好感和兴趣。

最后强调一句，即便现在的你认为跳槽还是太早，并没有太过强烈的跳槽念头，也应该建立起和电话那头的猎头公司的一个长久联络关系，说不定日后会在某个瞬间又有什么样的机缘巧合会让你想到这个电话，另外还有很重要的一点就是，一般猎头所给你打来电话，肯定不会是和你风马牛不相及的行业或领域，那么即便没有工作上的相关往来，在有些场合下，说不定，他们可以无形中帮你做很多职业前景分析或者行业内部的一些发展动态及时的更新等等，而这些都会在你的人生事业上对你有所帮助。

3. 和猎头做朋友，做优质“线人”

首先来看一下何为线人，以及猎头行业对线人的一些需求。“猎头”这个词在人们的日常生活中出现的频率已经越来越高，人们也都越来越熟悉这个字眼了，而“猎头”背后的“幕后操盘手”也渐渐开始由幕后走向台前，也就是说有些人会是猎头的“线人”。

以往的猎头公司，大多是由十多名专业的猎手所组成的一支专职队伍来从事猎头工作，对此，还有一个完美的说法解释为，所谓猎头其实就是让合适的人找到合适的工作岗位。当各个大企业的人事主管或老板们在为人才问题而很是头疼的时候，猎头就顺理成章的走进了大家的视野，据某猎头公司的首席顾问介绍，各个猎头机构由于发展的起点与进程不同，常常会出现专职的猎手远远不够的现象，而解决这个问题的最好方法便是找“线人”解决。

据了解，在北京、上海、广州等这种全国的大城市，基本上每家猎头公司都有着大量的线人，他们通常是由业务员、人事主管、媒体从业者等各行业领域内有着丰富信息量的人们所组成。有一家靠线人运作的很成功的猎头公司，其旗下有着好几百人的兼职猎手，但是其公司负责人表示这个数量依然不够，还要准备进一步扩充线人数量，如果说线人所提供的招牌或人才信息是有价值的，在获得丰厚佣金的同时，还可以和猎头公司保持很好的一种合作关系，重要的是还可以及时了解一些最新最有用的行业内动态。

经常能见到某些猎头公司会宣称他们有大量的名誉顾问，这些名誉顾问是否会属于“高级线人”呢？其实他们都是各自领域内的资深专家，毕竟猎头不是万能的，很多时候在面对一些很是棘手的问题时，也需要参考这些资深专家们专业的评判意见或者解决方案。他们看重的是个人价值，而不是是否属于“线人”的行列，往往这种顾问的身份是公开的，无论是猎头公司还是这些资深专家，他们双方都是合作共赢的关系。

既然猎头公司是可以有这么多“线人”存在的，那么如果你有机会和猎头公司接触后，也不要轻易放弃你们之间的合作，而应该先充分了解对方，即便可能会出现彼此互相并不认同的情况，但这种情况下，你也没有必要终止与猎头顾问之间的合作与交往，你可以继续让猎头顾问了解你，相信他们也不会轻易的完全放弃你的，他们会做好你的资料存档，把你当作是他们的资源，当下次你再接到他们的电话的时候，他们会把更贴近你要求的机会带给你。反之，如果你手上有一些很好的资源，你也可以提供给猎头公司，从普通的“线人”开始慢慢成为猎头公司的优质“线人”。

关于怎样成为猎头的线人，首先要学会和猎头做朋友。朱迪的专业是英语，毕业后的第一份工作是在某家化工类的外企里担任行政助理一职，工作了2年多之后，她想要找找看有没有新的工作机会，于是她试着在某个知名招聘网站上发了个人信息。由于朱迪的内因和外因各个方面都不错，随后她便陆陆续续的接到了不少猎头顾问打来的电话，甚至有时候一天都能接到好几个电话。朱迪说，无论什么样的电话，基本上她都不会轻易的回绝，她会先尽可能的了解清楚对方的状况等等具体要求，如果对她有足够的吸引力，她会考虑下一步，如果真的是不太符合她的职业发展规划，那么她会试着推荐一下她认为还比较合适的其他人选，让自己成为猎头公司的一条人才搜寻渠道。平常，她也特别留意周围的一些相关人才信息。她的这种做法受到了猎头公司的肯定，猎头公司对此也表示很乐意接受，他们之间渐渐地在保持着这种实践互惠的合作原则。尤其是在得知了一些潜在的合适人选对于猎头公司很是重要的信息后，朱迪会格外认真的对待这种特殊情况的，正因如此，时间长了，猎头对朱迪这样的人也加深了更多的好印象，慢慢的，朱迪就累积了好几个专业的、优秀的猎头人脉。朱迪用自己的实际经验总结出来的一个观点，那就是每当接到猎头提供的工作机会时，最好与猎头之间进行第一次面谈，有的人比较倾向于直接被推荐到用人单位和相关人一步到位的面试，朱迪表示她并不赞同这样。她说"往往专业的猎头公司工作会更加慎重，他们一般也都希望在为客户选送候选人之前，自己先尽可能的确认一下。"另外，有时候你去见猎头的时候是去到猎头公司，这样，你可以从猎头公司的选址、公司内的工作环境和员工们在工作时候的氛围，以及猎头的个人谈吐和修养等等细节之处进行仔细观察，这些方面都能够体现出一家猎头公司是否专业，它的可信赖度有多高。从而判断影响到你与猎头之间的合作关系。

把与猎头面谈当作是自己的第一次面试其实就是见猎头，也需要非常注重自己给人留下的第一印象，一般在穿着打扮上都应该做到大方得体，交谈措辞也应该尽量体现出专业性。这样的话，即便此次的合作并不合适，也会减少了很多因自己个人原因而丢失的分数，很有助于你和猎头之间建立起很好的人际关系，也是一种长期友好合作关系。当然了，如果有可能的话，你还可以了解对方公司的情况和其他一些岗位的需要，如果可以的话，你还应该注意了解一下对方公司老板的个性，做事风格已经对方希望招聘到的人拥有什么样的性格和能力等等。一个专业的猎头公司会更多的了解客户公司的企业文化和候选人才的性格特点，找到最为合适的一个匹配，让大家都满意，这样便体现出了猎头的专业性和权威性。同样，猎头公司所需要的“线人”也应该具有这样的一些能力，当你所熟知这些内容后，会由“线人”提升到一个优质线人的高度的。

如果你想要成为猎头的线人这个角色，而自己并为真正接触到猎头这个行业领域，你所要面临的首先一点便是要知道猎头在哪里。比如一些人才需求量比较大的行业，薪水相对比较高的人，人员流动率相对来说比较高的领域，还有一些外资企业或者是发展速度非常快的高新技术领域等等，这些都是属于猎头们所比较集中的地带。现代发展和以往所不同的是，企业需要猎头公司帮忙寻找的人才已经不再仅仅局限于高端管理人才了，甚至很多初级的岗位也会有被猎的市场和机会，所以你应该在了解了这些内容之后，才能对猎头线人这一角色所需要做的内容有一个明确的认知，然后才好更进一步做到比较优质高效。

作为一名猎头的线人，你首先是第一轮的面试官，你应该把好第一关，并且要善于思考，思考到底什么样的猎物才比较合适，如果从你这里就已经把一些前期最为基本的内容做好了的话，猎头公司会认可你作为一名线人工作的认真程度和专业水准，这些努力和付出是会助力于你自己的人生职业规划的。

其实，现在在很多猎头行业里，都存在有一批隐形的兼职猎手，他们一般都有着自己的正常职业，或者是在自己的公司里担任人力资源经理，也或者是曾经从事过一些相关的人力资源招牌工作。他们往往都是猎头公司的“编外”资料库，他们可以向猎头公司推荐相关岗位的合适人才，也可以向其介绍自己公司或者自己手上所掌握的那些人员分布情况。这些兼职猎手们都普遍拥有着很广泛的社会资源，他们也都很熟悉公司招聘的那些操作流程。他们，都是隐形的猎手，猎头的线人。

还有一点，就是当你和猎头公司有了第一次的合作后，如果此次合作比较成功，你在进入到正式的公司开始工作后，在前几个月内，往往猎头公司还会对你进行沟通调查，第一方面是确认一下双方是否都比较满意，第二方面或许还会想要了解一下这间公司的一些情况，是否还会有再次合作的机会，这个时候，你与猎头之间的交流就会变得比较微妙。你在入职新岗位之后的一些想法和意见就看如何去表述了，如果你可以在新单位了解到一些最新的招聘状态，也留意到一些很不错的人才，自然而然，你和猎头之间的合作便会产生，慢慢的，你便帮助猎头拓宽了他们的人脉，而你自己也将成为了他们的优质线人，很轻松愉悦地便实现了利已又利他的双赢效果。

4. 向猎头展示你的真诚和大方

首先要明确猎头来找你和你去找猎头是两种截然不同的状况。根据一些资深猎头顾问的经验来看，个人职业生涯发展比较好的人，是不会等着他们被原来的公司解聘或者只有在对当前的工作完全失去信心之后才开始去找猎头公司的。因此来说，无论你现在是否正在考虑换新工作，当有这样的机会找上门来的时候，除非你确实是忙得脱不开身，不然的话，你都不应该放弃和猎头好好谈谈的机会的。置身于现代这个自由开放、资讯发达的社会大环境下，对于每个人来说，抱有一种开放的态度是非常重要的一个方面。

猎头通常会是一个很不错的资讯来源。当猎头和你取得联系时，一方面他是在为你提供一个空缺的合适的职位，另外一方面，你也可以借此机会了解一下你自己在行业内的位置，毕竟猎头公司对于一些行业的就业状况有着较为全面的认识，他们的信息能够让你更加了解你目前的工作状况是否是最好的，甚至你们之间可以很好的讨论一些工作前景之类的话题。最为重要的是，当猎头熟悉你之后，很有可能会使得你在某个考虑跳槽的时候，会有一份好工作“从天而降”，也给自己提供了一个在猎头面前展示自己，为自己提升形象和分数的好平台。因此，无论你是否接受猎头所推荐的岗位，这都不是坏事，重要的是你已经被猎头注意到了，那么接下来就是你和猎头之间的接触了，应该如何和猎头交往，在猎头面前很好的展现自己呢，下面的内容就可以让你更好的让猎头认识你，熟识你。

在你和猎头公司打交道之前，在思想方面应该做一些准备，首先，你要考虑一下你现在的职位是否还有升迁的机会，如果没有的话，自己的人生职业规划会是什么样，如果有的话，又会是什么样；其次，分析一下自己是不是那种擅长于应付挑战的人，看一下现在的工作是不是已经没有了什么挑战性；然后，和同行业同职位的其他人相比较一下，自己的优劣势和竞争力如何等等。如果你去和猎头公司取得联系的话，那么一般情况下猎头公司是不可能拒绝你的，只要你充分展示出了你自己，并且在猎头面前证明了你的优秀，那么一定就会吸引来猎头公司的注意。当然了，你可以和很多家的猎头公司保有联系，但是需要注意的一点是，如果一旦你同时被好几家猎头公司所“相中”并且还受到了推荐，首先这是一件好事情，但是如果被猎头公司知道了，那么你的价值可就要被大打折扣了，甚至有可能会被列入猎头公司的黑名单，这样一来，那就会是一件很遗憾的事情了，所以说，展示自己，表现自己也是应该有一定程度上的原则限制的，要把握好展示的分寸。

猎头公司的出现，促成了社会经济体系中人力资源的流动和合理配置。猎头服务也已经成为了企业求取高级人才和高级人才流动的重要渠道。经济的日益开放让中国企业所面临的竞争在日益加剧，由此而引发的竞争手段也演变的越来越国际化，猎头公司作为一种广泛为国际企业挖掘人才的手段，也越来越流行。猎头服务是人力资源工作的有效拓展，猎头公司凭借他们专业的人才和渠道，为企业提供最为经济和高效的服务，它在人才和用人单位之间架起了一座桥梁，把人才从一个不是太能充分发挥其能力的岗位上转换到另一个可以让他大展拳脚的舞台上，这是对人力资源的一种极大释放。有些相关人士认为，中国企业通过猎头公司所寻找的人才主要有两类，第一是短期技术性人才，第二是长期的战略性人才。对于前者，主要是由于企业中的某个部门表现不好，希望从外面招聘一些人去重组，也就是说为一个特定的方案寻找人才。那么后者则通常被称之为搜寻，一般此种情况下，企业并不会有一个特别明确的职位说明。了解了一般的招牌情况后，你在猎头面前展示自己的时候便会更加的自如和有信心。对于你可以成功的进入猎头公司自己的人才库也会大有帮助。

猎头公司一般情况下都会建立他们自己的人才库，搜寻手段和渠道只是他们服务专业性最直接的表现之一，优质高效的人才库才可以说是猎头公司最为重要的资源之一，对人才库的专业化管理和更新也是他们一项重要的日常工作。你第一步应该成功的在猎头面前表现自己，使得自己能够顺利的加入到他们的人才库。而进入人才库的一些基本考核和判断往往是对人才能力和价值的一种考量。

猎头这个行业的发展也参差不齐，在猎头面前展示推销自己的同时，也要学会判断眼前的这个猎头公司是否专业，应该如何判别，你要注意观察这家猎头公司不仅要能够帮你介绍好工作，而且还会很负责人的帮你规划职业生涯。如果遇到不是太专业的猎头公司的话，恐怕会造成跳槽没跳成，反倒被现在的老板认为自己不够踏实，被炒了鱿鱼。

判断猎头公司应该从第一次的通话开始，如果猎头公司用很是急切的口气问你，那么说明现在应该确实是有这样一家公司的这样一个职位，如果当你的回答表示出你并不感兴趣时，猎头很快的便挂掉了电话，那么就说明这样的猎头公司是不够专业的。另外一点，就是专业的猎头公司会把保密工作做得很出色。在他们确定你就是他们要找的人之前，他们不会向任何一个“猎物”透露出相关的任何信息的，也不会过早的给客户公开候选人的简历，更不会造成简历在人才市场上的传来传去，这样就会让别人感觉你有些着急要换工作，可能会造成趁机压低薪水的局面。

如果你相信自己足够优秀，但是却没有猎头公司来找你，你不妨尝试着去找一些方式让猎头们去认识你，你可以在行业内发表论文、文章；有机会被媒体采访时，尽可能详尽的介绍你自己；多多参加一些行业内有影响力的高级培训班，在培训期间尽量的引起老师或同学们的注意；还有一点就是主动寻找猎头公司，去和他们打交道。另外，记得要准备一份英文简历，哪怕写得不好看，不专业，但也一定要准备。

在展示自我方面，应该格外注重以下几点：

第一，展示自己的时候要懂得保持本色不做作。内在的气质是最宝贵的。一个真正懂得与他人相处的人，是绝不会因场合和对象变化而放弃自己的内在特质的。

第二，巧妙展示自己的人，待人接物也总会很诚实，他们很明白一个原则，就是不要不懂装懂。他们知道不懂装懂的人是会让人产生厌烦感的，并且也会影响别人对自己的印象，特别是在长辈和一些知识渊博的人面前，如果你班门弄斧、自不量力的话，往往结果会是被人贻笑大方。所以说，了解自己是展示自己的一个很重要前提。

第三，在给别人展示自己的时候，不要刻意去掩饰自己的缺陷。真诚是一剂良方，是人与人之间沟通的最基本条件，首先要把真诚表现在外在形式上，对大多数人来说，适当的掩饰是可以的，但过分的掩饰往往会可能让人适得其反。比如身材比较矮小的男士，如果穿上超出了常规的鞋子，这样的形象会让人觉得比本身的身材矮小还要滑稽。如果是皮肤比较黑一点的女士，如果涂上了一层厚厚的粉底做掩饰的话，很容易便会让人产生一种粗俗不堪的印象。自信是每个人的宝贵品质，外貌固然重要，但并不是最最重要的，能力才是每个人最为傲人的资本。把外貌和本身内在的能力结合到最好便是最佳状态。

第四，那些会灵活的展示自己的人，他们总是会在很多时候，自己对自己说，没有必要否认自己的过错。有一些人明明知道是自己错了，却总是硬着头皮死不认账，甚至在很多时候还要为自己争辩，致使到最后矛盾不仅没有得到解决，彼此之间的隔阂也变得很难消除，相互之间的交往可能就会彻底中断，并且还会给对方留下一个蛮不讲理的最终印象。而那些会展示自己的人，他们不仅勇于承认错误，甚至还会主动承担错误，然后很及时的做到知错就改，让自己去挽救错误的这个行为为自己的形象加分。大凡那些懂得展示自己才能和品德的人，他们都是一些懂得表达真诚技巧的人。